Arnab Nandi
Archana Pandit
Banani Basu

Desempenho de redes de comunicação cooperativa utilizando controlo de erros

Arnab Nandi
Archana Pandit
Banani Basu

Desempenho de redes de comunicação cooperativa utilizando controlo de erros

ScienciaScripts

Imprint

Any brand names and product names mentioned in this book are subject to trademark, brand or patent protection and are trademarks or registered trademarks of their respective holders. The use of brand names, product names, common names, trade names, product descriptions etc. even without a particular marking in this work is in no way to be construed to mean that such names may be regarded as unrestricted in respect of trademark and brand protection legislation and could thus be used by anyone.

Cover image: www.ingimage.com

This book is a translation from the original published under ISBN 978-620-2-09420-7.

Publisher:
Sciencia Scripts
is a trademark of
Dodo Books Indian Ocean Ltd. and OmniScriptum S.R.L publishing group

120 High Road, East Finchley, London, N2 9ED, United Kingdom
Str. Armeneasca 28/1, office 1, Chisinau MD-2012, Republic of Moldova, Europe
Printed at: see last page
ISBN: 978-620-7-96639-4

Conteúdo

Resumo

A transmissão de sinais em redes sem fios sofre consideravelmente de muitas deficiências, uma das quais é o desvanecimento do canal devido à propagação multipercurso. A comunicação cooperativa é uma técnica que pode ser utilizada para atenuar os efeitos do desvanecimento do canal, explorando os ganhos de diversidade obtidos através da cooperação entre nós e retransmissores.

Neste cenário, é analisada uma rede que contém um emissor, um destino e um retransmissor. São investigados três esquemas de comunicação cooperativa, que incluem Amplificar e encaminhar, Descodificar e encaminhar e Cooperação codificada, com diferentes técnicas de combinação.

A ideia subjacente à comunicação cooperativa consiste em mostrar dois utilizadores móveis que comunicam com o mesmo destino. Cada telemóvel tem uma antena e não pode gerar individualmente diversidade espacial. No entanto, pode ser possível que um telemóvel receba o sinal de transmissão dos outros e, nesse caso, pode reencaminhar uma versão da informação "ouvida" dos outros utilizadores juntamente com a sua própria informação.

A utilização da codificação foi efectuada com o objetivo de melhorar o desempenho do sistema e de obter uma maior eficiência do mesmo.

Prefácio

Este livro resume o meu trabalho no domínio das comunicações cooperativas e as suas aplicações em redes sem fios. O trabalho foi realizado no Departamento de Engenharia Eletrónica e de Comunicações da Faculdade de Engenharia Dr. B.C Roy, em Durgapur. A tese é composta por seis partes:

Part 1

Parte introdutória Antecedentes da investigação Problemas no âmbito da cwc Objectivos

Part 2

Rede ad hoc sem fios Modos de comunicação Perdas Desvanecimento e diversidade na comunicação cooperativa

Part 3

No contexto da comunicação cooperativa, os métodos de sinalização utilizados Aplicações e imperfeições

Part 4

Vários métodos de codificação, como a codificação LDPC e a codificação por convolução

Part 5

Sobre o desempenho das comunicações cooperativas Simulações e resultados

Parte 6Conclusão e investigação futura no domínio mencionado

Lista de abreviaturas e noções utilizadas

SNR: Signal to noise ratio

WSN: Wireless Sensor Network

PMP: Point to multipoint

MIMO: Multiple input multiple output

BS: Base station

hk[n]: Channel fading coefficient between transmit and receive antenna

ECG: Equal Gain Combining

ECC: Error control codes

K: transmitted signal

x_s : Information sends towards both the destination and relay nodes

$n_{d,s}$: noise signal from destination

$n_{r,s}$: noise signal from relay

$h_{d,s}$: channel from source to destination

$h_{r,s}$: channel from source to relay

BER: Bit Error Rate

1. Introdução

medida que as pessoas começam a depender da tecnologia sem fios como principal meio de ligação, a procura de um elevado débito de dados nas comunicações sem fios aumenta ainda mais. Este problema deve-se não só ao aumento do número de utilizadores de comunicações sem fios, mas também ao facto de a informação que tem de ser transportada ter também aumentado significativamente. Embora o desenvolvimento da tecnologia sem fios tenha sido rápido, certos parâmetros físicos continuam a limitar a utilidade da tecnologia de comunicação sem fios. Em muitos casos, a banda de frequência limitada, a duração da bateria e o canal de desvanecimento grave são factores que se tornaram desafios para os investigadores ultrapassarem.

A comunicação cooperativa tornou-se um dos temas de investigação mais populares como solução para o problema da autonomia das baterias e para aumentar a capacidade e o desempenho da transmissão. A ideia de utilizar retransmissores para a comunicação existe desde o trabalho de Cover e El Gamal em [1], mas só no trabalho de Sendonariset *al.* [2] [3] é que o esquema de comunicação cooperativa e a descrição do sistema são formulados em pormenor. O princípio básico da comunicação cooperativa é usar outros dispositivos de comunicação para retransmitir a transmissão. Como mostra a Figura 1-1, o nó de origem transmite informações para o nó de retransmissão e para o nó de destino. O nó retransmissor encaminha a transmissão para o nó de destino. O nó de origem considera o nó de retransmissão como uma antena virtual, permitindo a utilização de sistemas MIMO sem necessidade de adicionar uma antena física.

O esquema de comunicação cooperativa não é apenas capaz de aumentar o desempenho da capacidade do sistema. Suponhamos que o canal entre o nó de origem e o nó de destino sofre de um grave desvanecimento e que a transmissão direta do nó de origem para o nó de destino terá um baixo desempenho. Ao utilizar o esquema de comunicação cooperativa, o nó de origem pode encontrar nós de retransmissão que tenham bons canais para o nó de destino, utilizá-los para retransmitir a transmissão para o nó de destino e aumentar a fiabilidade de toda a transmissão. Ao selecionar nós de retransmissão mais próximos, o nó de origem pode também poupar a energia da bateria, uma vez que não tem de transmitir a alta potência e pode utilizar a energia dos dispositivos de retransmissão para efetuar a transmissão.

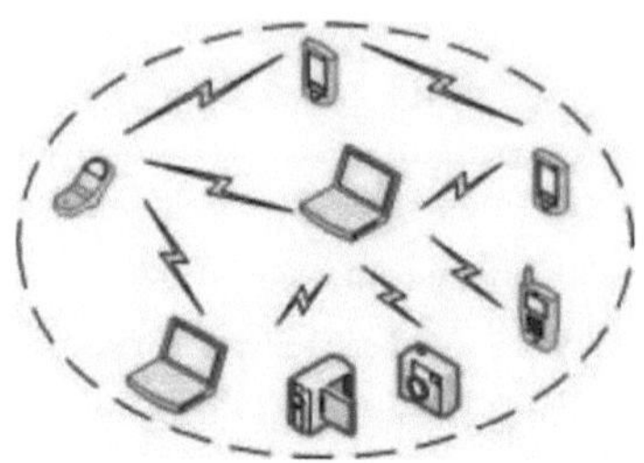

Figura 1.1: comunicação cooperativa

O esquema de comunicação cooperativa não é apenas capaz de aumentar o desempenho da capacidade do sistema. Suponhamos que o canal entre o nó de origem e o nó de destino sofre de um grave desvanecimento e que a transmissão direta do nó de origem para o nó de destino terá um baixo desempenho. Ao utilizar o esquema de comunicação cooperativa, o nó de origem pode encontrar nós de retransmissão que tenham bons canais para o nó de destino, utilizá-los para retransmitir a transmissão para o nó de destino e aumentar a fiabilidade de toda a transmissão. Ao selecionar nós de retransmissão mais próximos, o nó de origem pode também poupar a energia da bateria, uma vez que não tem de transmitir a alta potência e pode utilizar a energia dos dispositivos de retransmissão para efetuar a transmissão.

Uma vez que o nó de origem no esquema de comunicação cooperativa depende dos nós de retransmissão para encaminhar a transmissão, a seleção de retransmissores e a atribuição de recursos aos nós de retransmissão tornam-se importantes para obter um desempenho ótimo do sistema de comunicação cooperativa. Escolhendo os nós corretos para retransmitir a transmissão, o sistema pode atingir uma maior capacidade utilizando menos recursos. Neste livro, é abordada a questão da seleção óptima de retransmissores e da atribuição de recursos.

1.1 Antecedentes da investigação

A investigação na área das comunicações cooperativas remonta ao trabalho pioneiro de [4] na década de 1970, onde a capacidade dos canais de retransmissão foi estudada para o problema da transmissão de informação em três terminais. Em seguida, a capacidade de canal de redes de retransmissão sobre canais sem desvanecimento foi examinada em [5].

Na rede de comunicação cooperativa, os problemas que têm surgido desde que o esquema de comunicação cooperativa foi proposto são: como conseguir que os retransmissores participem na cooperação e como selecionar os retransmissores para cooperarem com outros. Como os nós de comunicação não são cooperativos por natureza, é necessário um incentivo para encorajar os nós a participarem nas redes de comunicação cooperativa como nós de encaminhamento. No trabalho de

Ileri *et al.* [4], é introduzida a fixação de preços para encorajar os nós de retransmissão a aderir à cooperação e para corresponder à aplicação prática. Os nós de retransmissão recebem incentivos sob a forma de pagamento pelo consumo do recurso que gastam no reencaminhamento da informação para outros nós.

1.2 Trabalhos relacionados

Muitos trabalhos têm sido realizados no domínio da seleção de retransmissores para redes de comunicação cooperativa. Em [5], o autor propôs uma seleção de retransmissores baseada na localização dos nós de retransmissão. A seleção de retransmissores baseada na ligação instantânea com interferência é feita em [6]. A seleção distribuída de retransmissores usando a teoria dos jogos [7] centra-se na capacidade da transmissão total. Após a seleção do retransmissor, a atribuição e otimização de recursos são os problemas seguintes na rede de comunicação cooperativa. A atribuição de recursos óptimos a cada nó de retransmissão com objectivos diferentes entre os nós do sistema é necessária para obter o melhor desempenho da rede de comunicação cooperativa. Uma rede de comunicação cooperativa em que tanto os nós de retransmissão como o nó de origem pretendem maximizar o seu próprio ganho através da atribuição e otimização de recursos terá um processo de atribuição e otimização de recursos diferente daquele em que o objetivo é apenas maximizar o ganho do nó de origem. Em seguida, a capacidade de canal das redes de retransmissão num canal sem desvanecimento foi analisada em [8]. Devido às suas vantagens em relação às comunicações unidireccionais convencionais, como referido anteriormente, o conceito de retransmissão ganhou grande atenção na investigação recente para uma extensão aos canais com desvanecimento [14]. Muitos aspectos importantes das redes de retransmissão têm sido extensivamente estudados. Por exemplo, a capacidade das redes de retransmissão em canais com desvanecimento de Rayleigh foi investigada em [14-16]. O compromisso diversidade-multiplexação dos retransmissores DF e AF foi investigado em [17, 18]. Além disso, alguns códigos espaço-temporais distribuídos concebidos para redes de retransmissão foram propostos em [17]. A cooperação entre utilizadores, que é a generalização das redes de retransmissão para fontes múltiplas, foi investigada em [9, 2]. Foi demonstrado que a cooperação de retransmissores oferece uma melhoria de desempenho em termos de capacidade [22, 23].

1.3 Formulação do problema

Muitos trabalhos têm sido realizados no domínio da seleção de retransmissores para redes de comunicação cooperativa. Em [5], o autor propôs uma seleção de retransmissores baseada na localização dos nós de retransmissão. A seleção de retransmissores baseada na ligação instantânea com interferência é feita em [6]. A seleção distribuída de retransmissores utilizando a teoria dos jogos [7] centra-se na capacidade da transmissão total. Existem vários processos de seleção de retransmissores, tais como

- Deteção perfeita nos relés

- Maximizar a SNR nos relés

- Maximizar a SNR no ponto de acesso (destino)

- Etc.

Após a seleção do retransmissor, a atribuição e otimização dos recursos são os problemas seguintes na rede de comunicação cooperativa. A atribuição de recursos óptimos a cada nó de retransmissão com objectivos diferentes entre os nós do sistema é necessária para obter o melhor desempenho da rede de comunicação cooperativa. Uma rede de comunicação cooperativa em que tanto os nós de retransmissão como o nó de origem pretendem maximizar o seu próprio ganho através da atribuição e otimização de recursos terá um processo de atribuição e otimização de recursos diferente daquele em que o objetivo é apenas maximizar o ganho do nó de origem.

1.4 Objectivos

O principal objetivo do trabalho de projeto é construir um modelo de rede de comunicação cooperativa com retransmissão para explorar a natureza de difusão das redes sem fios, em que os nós vizinhos ouvem os sinais da fonte e retransmitem a informação para o destino:

- utilizou uma fonte, um destino e um retransmissor para efetuar uma comunicação cooperativa

- Avaliação do desempenho em ambiente de desvanecimento Rayleigh

- E, por fim, efectuou a codificação para melhorar o desempenho

O fluxo de trabalho para os objectivos deste livro está representado na Figura 1-2. Definimos o problema da seleção de retransmissores e da atribuição de recursos; efectuamos um estudo da literatura para trabalhos relacionados; construímos um modelo do sistema e uma configuração de simulação em computador com base no modelo do sistema; efectuamos a simulação e analisamos os resultados utilizando a literatura disponível

estudo como comparação.

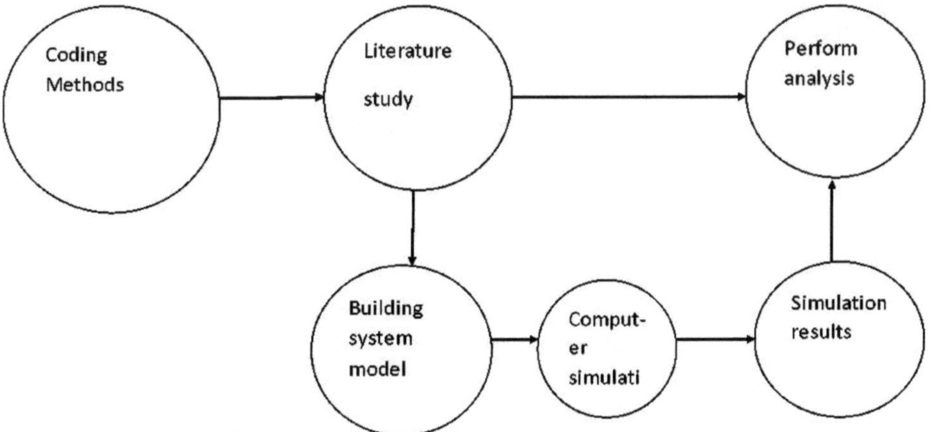

Figura 1.2 - Organização do papel

1.5 Contribuição

Neste livro, fizemos algumas contribuições para a área de investigação das redes de comunicação sem fios cooperativas, especialmente na área da codificação, aqui, realizámos dois métodos de codificação, nomeadamente a codificação por convolução e a codificação LDPC, ambas utilizadas popularmente no domínio da comunicação cooperativa. A utilização destes métodos melhorou o desempenho da comunicação cooperativa no que diz respeito à eficiência, aqui também tentámos otimizar os recursos utilizados.

1.6 Organização do livro

Este livro está organizado da seguinte forma. No Capítulo 1, os princípios da comunicação cooperativa e a descrição do sistema são explicados de forma pormenorizada. O Capítulo 1 também aborda trabalhos anteriores e problemas neste domínio. O Capítulo 2 contém os conceitos básicos das comunicações sem fios e a diversidade nas comunicações sem fios. No capítulo 3 são explicados diferentes esquemas de comunicação cooperativa. O capítulo 4 descreve os vários métodos de codificação utilizados na comunicação cooperativa. No Capítulo 5, definimos o modelo do sistema, formulamos o problema e analisamos o modelo proposto na rede de comunicação cooperativa. O resultado da simulação e a sua análise para o modelo do sistema também foram discutidos aqui. Finalmente, a conclusão do trabalho de investigação e as recomendações para estudos futuros neste domínio são apresentadas no Capítulo 6.

2. Comunicação sem fios

2.1 rede sem fios ad-hoc sem fios

A comunicação ad hoc é definida como a comunicação entre dois ou mais dispositivos sem uma infraestrutura pré-existente. As comunicações ad hoc tiveram origem na rede de rádio por pacotes [9]. Em 1970, a DARPA iniciou um projeto denominado packet radio, que permite que vários rádios sem fios comuniquem entre si. Em seguida, o conceito de packet radio foi alargado à rede de pacotes, que, por sua vez, evoluiu para a rede de rádio de difusão.

A rede sem fios ad hoc tem propriedades de auto-organização e adaptação. Estas propriedades significam que a rede criada de forma ad hoc tem de ser capaz de efetuar alterações (mesmo criando ou terminando a própria rede) em tempo real, sem ter de ser controlada por qualquer administração do sistema. Como mostra a Figura 2-1, as redes ad hoc também têm de ser capazes de suportar diferentes dispositivos, uma vez que a interconectividade se está a tornar mais importante em redes sem infra-estruturas, como a rede ad hoc.

A rede ad hoc é uma propriedade importante da rede sem fios que permite a rede de comunicação cooperativa. O nó de origem tem de ser capaz de comunicar com o nó de destino com um determinado desempenho de transmissão utilizando nós de retransmissão como nós de encaminhamento, pelo que é necessário que o nó de origem seja capaz de se ligar rapidamente aos nós de retransmissão e que os nós de retransmissão sejam capazes de se ligar rapidamente ao nó de destino. Estes critérios são satisfeitos pela rede ad hoc, uma vez que a rede ad hoc pode ser rapidamente implantada com uma configuração mínima.

As redes ad hoc sem fios são classificadas de acordo com as aplicações, que têm diferentes protocolos de encaminhamento, protocolos de configuração automática e comportamento dos nós. Os tipos mais comuns de redes ad hoc na rede sem fios são a rede ad hoc móvel

(MANET) e redes de sensores sem fios (WSN)

2.1.1 Rede ad-hoc móvel

Trata-se de uma rede autoconfigurável, sem infra-estruturas, de dispositivos móveis ligados por ligações sem fios. Uma vez que cada nó da rede ad-hoc móvel é um dispositivo móvel, este tipo de rede tem uma topologia dinâmica, requisitos de implantação instantânea e limitações de recursos, como a largura de banda, a autonomia da bateria e a capacidade de computação. No entanto, em comparação com as redes de sensores sem fios, as redes ad-hoc móveis têm normalmente mais tempo de bateria para a transmissão. A limitação da largura de banda é um problema comum, especialmente em redes ad-hoc com um grande número de nós. Uma vez que cada nó ocupa uma determinada largura de banda na banda de frequência, gerir a largura de banda que cada nó obtém tem sido uma área de investigação na atribuição e otimização de recursos.

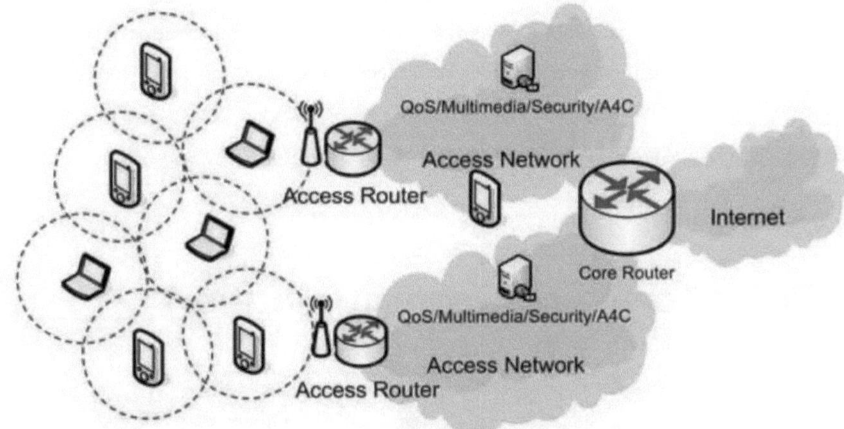

Figura 2.1: Topologia das redes móveis ad hoc

2.1.2 Redes de sensores sem fios

A rede de sensores sem fios é uma rede de sensores distribuídos que monitorizam o estado do ambiente circundante. Os dados adquiridos a partir destes sensores são transmitidos através da rede para um nó de gateway, onde os dados serão armazenados ou utilizados, como mostra a Figura 2-2. As redes de sensores sem fios têm sido utilizadas para muitas aplicações, desde a monitorização de áreas, como a monitorização da poluição atmosférica e a deteção de incêndios florestais, à monitorização industrial e à agricultura. As caraterísticas das redes de sensores sem fios dependem muito das aplicações, mas normalmente as redes de sensores têm uma duração limitada da bateria e uma potência de cálculo limitada. Assim, as redes de sensores têm normalmente restrições de energia para a transmissão, enquanto a computação de problemas complexos é normalmente efectuada de forma centralizada.

2.2 Comunicação ponto a ponto e multiponto

Comunicação ponto a ponto

Neste esquema, cada palavra de código do nó de origem é dividida em dois quadros que são transmitidos em duas fases. Na primeira fase, o primeiro quadro é transmitido da fonte para os retransmissores e para o destino. Na segunda fase, o segundo quadro é transmitido em subcanais ortogonais da fonte e dos nós de retransmissão para o destino. Assume-se que cada retransmissor está equipado com um código de verificação de redundância cíclica (CRC) para deteção de erros. Apenas esses retransmissores (cujos CRCs são verificados) transmitem na segunda fase. Caso contrário, mantêm-se em silêncio. No destino, as réplicas recebidas (do segundo quadro) são combinadas utilizando a combinação de rácio máximo. A palavra-código inteira, que compreende os dois quadros, é decodificada através do algoritmo viterbi. Para a codificação cooperativa do canal, considerou-se um comprimento de bloco finito N.

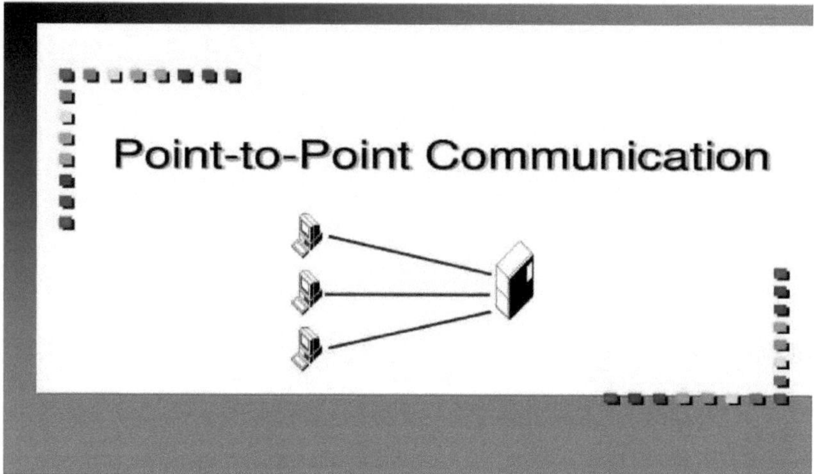

Figura 2.2: comunicação ponto a ponto

Uma ligação de dados ponto-a-ponto tradicional é um meio de comunicação com exatamente dois pontos finais e sem formatação de dados ou pacotes. Os computadores anfitriões em cada extremidade tinham de assumir a responsabilidade total pela formatação dos dados transmitidos entre eles, do transmissor ao recetor. Os comités de engenharia da Telecommunication Industry Association desenvolvem normas americanas para comunicações ponto-a-ponto e estruturas de torres de telemóveis relacionadas

Comunicação de pontos múltiplos

A comunicação ponto-a-multiponto (PMP) refere-se à comunicação que é efectuada através de uma forma distinta e específica de ligações um-para-muitos, oferecendo vários caminhos de um único local para vários locais. A PMP é normalmente utilizada para estabelecer a conetividade de empresas privadas a escritórios em locais remotos, soluções de backhaul sem fios de longo alcance para vários locais e acesso de banda larga de última milha. Como tal, é amplamente utilizado na telefonia IP e na Internet sem fios através de radiofrequências de gigahertz. A topologia ponto-a-multiponto consiste numa estação de base central que suporta várias estações de assinantes. Estas oferecem acesso à rede a partir de um único local para vários locais, permitindo-lhes utilizar os mesmos recursos de rede entre si. A ponte localizada no local central é conhecida como ponte da estação base ou ponte raiz. Todos os dados que passam entre os clientes da ponte sem fio devem passar inicialmente pela ponte raiz.

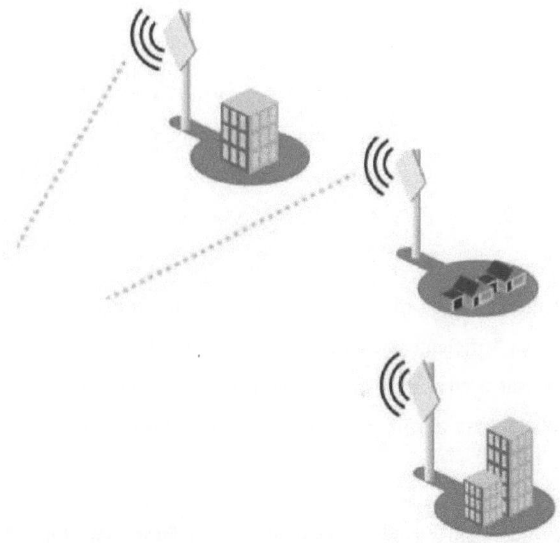

Figura 2.3: comunicação ponto a multiponto

Uma rede ponto-a-multiponto pode ser facilmente implantada em comparação com a implantação de uma rede ponto-a-ponto, porque o equipamento só tem de ser implantado no local do novo assinante. A única condição é que todos os sítios remotos estejam dentro da visibilidade e do alcance da estação de base. Os sistemas PMP são classificados em sistemas de sistema único e sistemas bidireccionais. Uma rede ponto-a-multiponto é adequada para clientes ou operações de backhaul que necessitem de uma ligação fiável e de alta velocidade, mas que estejam preocupados com o pagamento de capacidade dedicada não utilizada. A desvantagem da topologia de nó ponto-a-multiponto é a sua incapacidade de se interligar com outros nós devido à antena direcional.

2.3 Perdas diferentes

A comunicação sem fios refere-se aos sistemas de telecomunicações em que as ondas electromagnéticas, e não os fios, transportam o sinal ao longo de parte ou de todo o percurso. As redes sem fios são utilizadas para satisfazer uma variedade de necessidades de comunicação. A utilização mais comum das redes de comunicação sem fios pode ser encontrada nas redes locais sem fios (WLAN) e nos sistemas móveis sem fios. Normalmente, em qualquer sistema de comunicação, o sinal recebido difere do sinal transmitido devido a várias deficiências de transmissão. Estas deficiências introduzem diferentes modificações aleatórias no sinal original, degradando assim a qualidade do sinal. Nesta secção, são apresentadas algumas das mais importantes deficiências de transmissão

2.3.1 Atenuação

A atenuação é a redução da amplitude e da energia do sinal durante a transmissão da fonte para o destino devido à absorção ou dispersão de fotões. Aumenta com a distância de transmissão em qualquer meio de transmissão. A atenuação varia em função da frequência; é maior em frequências elevadas.

A atenuação implica alguns factores a ter em conta pelo emissor e pelo recetor, de modo a garantir a receção correta da mensagem transmitida. O transmissor deve enviar um sinal suficientemente forte para que o sinal recebido tenha força suficiente para permitir ao recetor detetar e interpretar a mensagem transmitida. Para compensar a atenuação em longas distâncias, pode ser utilizado um retransmissor entre o emissor e o recetor para repetir ou amplificar o sinal transmitido.

2.3.2 Ruído

O ruído é o sinal indesejado recebido com o sinal transmitido e é o fator mais limitador do desempenho do sistema de comunicação.

As fontes de ruído são muitas e incluem

Ruído térmico: o ruído térmico é devido à agitação térmica da eletrónica. O ruído térmico limita o desempenho dos sistemas de comunicação porque está presente em todos os dispositivos electrónicos e não pode ser eliminado. O ruído térmico tem uma distribuição uniforme do espetro de frequências, pelo que é designado por ruído branco.

Ruído de inter modulação: o ruído de inter modulação pode resultar quando sinais de diferentes frequências partilham o mesmo meio de transmissão. O resultado da inter modulação é um sinal com uma frequência que pode ser a soma ou a diferença das frequências originais.

Ruído de diafonia: a diafonia pode ocorrer quando um sinal indesejado é captado pela antena.

Ruído de impulso: consiste em impulsos irregulares ou picos de ruído de curta duração mas de elevada amplitude. É gerado por perturbações electromagnéticas, como a iluminação.

2.3.3 Perda de espaço livre

Para qualquer tipo de comunicação sem fios, o sinal dispersa-se com a distância devido à propagação do sinal no espaço. A perda de espaço livre é a perda de intensidade do sinal que resulta de um trajeto de linha de vista através do espaço livre. A perda de espaço livre é proporcional ao quadrado da distância entre o transmissor e o recetor.

2.4 Desvanecimento

Para a maioria dos canais de comunicação sem fios práticos, o desvanecimento é o fator mais importante a considerar ao descrever o canal e prever o desempenho do sistema. Esta secção aborda as causas do desvanecimento, os tipos de desvanecimento e os canais de desvanecimento.

Num sistema móvel sem fios, um sinal pode viajar do transmissor para o recetor através de múltiplos caminhos de reflexão, o que é conhecido como propagação multipercurso. A propagação multipercurso provoca flutuações na amplitude, na fase e no ângulo de chegada do sinal, criando o desvanecimento multipercurso. Há três mecanismos básicos de propagação que desempenham um papel no desvanecimento multipercurso:

Reflexão: ocorre quando um sinal eletromagnético em propagação encontra uma superfície lisa que é grande em relação ao comprimento de onda do sinal.

Difração: ocorre na extremidade de um corpo denso que é grande em comparação com o comprimento de onda do sinal. Chama-se sombreamento porque o sinal pode atingir o recetor mesmo que encontre um corpo impenetrável.

Dispersão: ocorre quando a onda de rádio em propagação encontra uma superfície com dimensões da ordem do comprimento de onda do sinal ou inferiores, fazendo com que o sinal de entrada se espalhe (dispersão) em várias saídas mais fracas em todas as direcções.

2.4.1 Tipos de desvanecimento

O desvanecimento pode ser classificado, do ponto de vista da variante temporal, em desvanecimento rápido e desvanecimento lento e, do ponto de vista da propagação temporal, em desvanecimento seletivo e desvanecimento plano (não seletivo).

Desvanecimento lento: o desvanecimento lento representa a atenuação média da potência do sinal ou a perda de trajetória devido à deslocação numa área grande ou de longa distância. Como o ambiente muda a longa distância, o desvanecimento lento é afetado por colinas, florestas, aglomerados de edifícios, etc., que existem entre o transmissor e o recetor. Um canal introduz um desvanecimento lento quando o tempo de correlação do sinal é superior ao tempo de transmissão do símbolo.

Desvanecimento rápido: o desvanecimento rápido refere-se às mudanças rápidas na potência e na fase do sinal que ocorrem devido a um pequeno movimento numa distância de cerca de meio comprimento de onda. Um canal apresenta desvanecimento rápido quando o tempo de coerência do sinal é mais curto do que o tempo de duração do símbolo.

Desvanecimento seletivo em frequência: Um canal móvel cria um desvanecimento seletivo em frequência no sinal recebido se este possuir um ganho constante e uma resposta de fase linear numa largura de banda menor do que a largura de banda do sinal transmitido. É causado por atrasos em vários caminhos que se aproximam ou excedem o período de símbolo do símbolo transmitido. Devido ao desvanecimento seletivo em frequência, o sinal recebido contém múltiplas versões da forma de onda transmitida, que são atenuadas (desvanecidas) e atrasadas no tempo, pelo que o sinal recebido é distorcido. A ISI é introduzida devido à dispersão temporal dos símbolos transmitidos no canal. Quando traduzida para o domínio da frequência, significa que determinados componentes de frequência no espetro do sinal recebido têm maiores ganhos do que outros. O espetro do sinal transmitido, para o desvanecimento seletivo em frequência, tem uma largura de banda superior à largura de banda de coerência do canal. Os modelos de canais de desvanecimento seletivo em frequência são muito... Os modelos de canais de desvanecimento seletivo em frequência são muito difíceis de modelar, uma vez que cada caminho múltiplo tem de ser modelado e o canal tem de ser considerado como um filtro linear. Por conseguinte, estes modelos são normalmente construídos a partir de medições de multipercurso em banda larga. No entanto, ao analisar os sistemas de comunicações móveis, são geralmente utilizados modelos estatísticos de resposta ao impulso, como o modelo de desvanecimento Rayleigh de dois raios. No modelo de desvanecimento de Rayleigh de dois raios, considera-se que a resposta ao impulso do canal é constituída por duas funções delta que se desvanecem independentemente e têm um atraso temporal suficiente entre si para induzir um desvanecimento seletivo em frequência do sinal aplicado.

Desvanecimento plano: Diz-se que um sinal sofre um desvanecimento plano se o canal móvel através do qual passa tiver um ganho constante e uma fase linear numa largura de banda superior à largura de banda de base do sinal transmitido. No desvanecimento plano, as caraterísticas espectrais do sinal transmitido são preservadas no recetor, mas a intensidade do sinal varia com o tempo devido a flutuações no ganho do canal causadas por multipercursos. A resposta ao impulso de um canal de desvanecimento plano pode ser aproximada como sendo simplesmente uma função delta [8].

Os canais de desvanecimento plano típicos provocam desvanecimentos profundos, pelo que podem exigir uma potência de transmissão adicional de 20 ou 30 dB para manter uma transmissão fiável durante os períodos de desvanecimento profundo. Os canais de desvanecimento plano são também designados por canais de banda estreita, uma vez que a largura de banda do sinal aplicado é estreita em comparação com a largura de banda do desvanecimento plano do canal. Nas secções seguintes, o termo canais de desvanecimento referir-se-á sempre a canais de desvanecimento plano de variação lenta.

2.5 Canal de desvanecimento

Ao conceber um sistema de comunicações, o engenheiro de comunicações tem de considerar todos os factores que podem afetar a propagação do sinal; por conseguinte, tem de estimar o desvanecimento multipercurso e o ruído no canal móvel. Apresentam-se a seguir alguns canais de desvanecimento típicos.

2.5.1 Ruído Gaussiano Branco Aditivo (AWGN) Canal

Neste canal, a única perturbação que se depara com a propagação do sinal transmitido é o ruído térmico, que está associado ao próprio canal físico, bem como à eletrónica no, ou entre, o emissor e o recetor. No canal AWGN o sinal é degradado pelo ruído branco que tem densidade espetral constante e uma distribuição gaussiana de amplitude.

2.5.2 Canal de desvanecimento de Rayleigh

O desvanecimento de Rayleigh ocorre quando existem vários caminhos indirectos entre o transmissor e o recetor e nenhum caminho direto sem desvanecimento ou linha de visão (LOS). Representa o pior cenário possível para o canal de transmissão.

O desvanecimento de Rayleigh pressupõe que um sinal multipercurso recebido consiste num grande número de ondas reflectidas com fase e amplitude independentes e identicamente distribuídas. A envolvente do sinal recebido é estatisticamente descrita pela função de densidade de probabilidade de Rayleigh (PDF).

2.5.3 Canal de desvanecimento Rician

O desvanecimento Rician descreve melhor uma situação em que uma componente dominante sem desvanecimento, LOS, se apresenta para além de uma série de sinais indirectos de multipercurso. A envolvente de desvanecimento deste modelo é descrita pela função de densidade de probabilidade Rician (PDF).

Os canais Rician e Additive White Gaussian Noise proporcionam um desempenho bastante bom, correspondente a um ambiente de campo aberto. Enquanto o canal Rayleigh, que melhor descreve o desvanecimento em ambiente urbano, apresenta um desempenho relativamente pior. O modelo subjacente ao desvanecimento Rician é semelhante ao do desvanecimento Rayleigh, exceto que no desvanecimento Rician está presente uma forte componente dominante. Esta componente dominante pode, por exemplo, ser a onda da linha de vista. Os modelos Rician refinados também consideram que :

• que a onda dominante pode ser uma soma fasorial de dois ou mais sinais dominantes, por exemplo, a linha de visão, mais uma reflexão no solo. Este sinal combinado é então tratado maioritariamente como um processo determinístico (totalmente previsível), e

• a onda dominante pode também estar sujeita a atenuação de sombra. Este é um pressuposto popular na modelação de canais de satélite.

Exemplos de desvanecimento Rician são encontrados em

• Canais microcelulares

• Comunicação veículo-veículo, por exemplo, para AVCS

• Propagação em interiores

• Canais por satélite

2.6 MIMO

O sistema MIMO adapta várias antenas no lado da transmissão e/ou no lado da receção para explorar a diversidade espacial. Assim, um sinal transmitido por uma antena propagar-se-á através de um canal diferente. A isto chama-se multiplexagem espacial, e esta técnica é utilizada para aumentar a capacidade do canal através do aumento da eficiência espetral da transmissão. No sistema MIMO com multiplexagem espacial, um sinal com uma taxa elevada é dividido em vários fluxos de taxa inferior e transmitido utilizando antenas diferentes na mesma frequência. Assume-se que os canais são independentes ou têm baixa correlação devido à separação das antenas, pelo que os fluxos podem ser separados em canais paralelos no recetor. A utilização de sistemas MIMO no modo de multiplexagem espacial pode trazer melhorias em termos de eficiência espetral. No entanto, uma vez que o ganho de eficiência espetral se baseia no facto de o utilizador estar na presença de um multipercurso rico, o ganho de eficiência espetral do MIMO diminuirá para canais espacialmente correlacionados. Uma forma possível de contornar este problema é aumentar a separação entre as antenas num extremo da comunicação, resultando numa maior descorrelação das antenas. Para o lado da estação de base (BS), o aumento do tamanho do conjunto de antenas pode não ser um problema, mas para o lado da estação móvel (MS), um conjunto grande pode levar a um aparelho de grandes dimensões, o que não é atrativo para um utilizador.

Vantagens do MIMO

- Aumentos tremendos da capacidade e, por conseguinte, das taxas de informação

- Fiabilidade melhorada em ordens de grandeza

- Sem necessidade de energia ou largura de banda adicionais

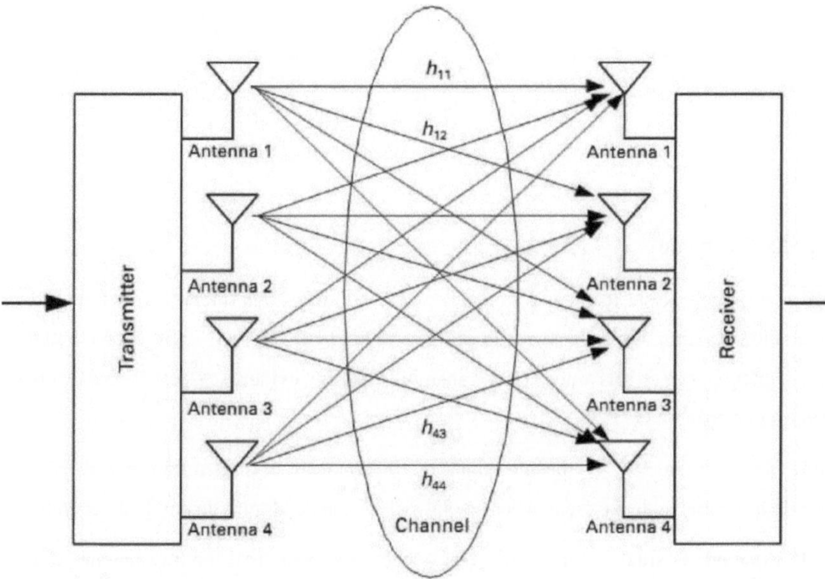

Figura 2.4: MIMO

2.7 Diversidade

Com base no facto de os canais individuais sofrerem fenómenos de desvanecimento independentes, podem ser utilizados vários canais entre o emissor e o recetor para compensar os efeitos de erro. A receção diversificada não elimina completamente os erros, mas reduz a probabilidade de ocorrência de erros causados pelo desvanecimento, combinando várias cópias da mesma mensagem recebidas em diferentes canais múltiplos.

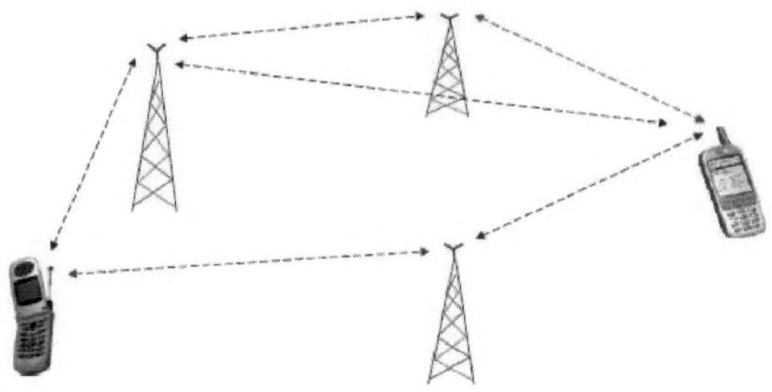

Figura 2.5: MIMO distribuído

• **Diversidade temporal**: Nesta técnica, o sinal é repetido em diferentes intervalos de tempo. Em alternativa, é adicionado um código de correção de erros redundante e a mensagem é espalhada no tempo através da intercalação de bits antes de ser transmitida. Assim, evitam-se as explosões de erros, o que simplifica a correção de erros.

• **Diversidade de frequências**: O mesmo sinal de informação é transmitido em diferentes portadoras, sendo a separação de frequências entre elas pelo menos a largura de banda de coerência

• **Diversidade espacial**: O sinal é transmitido e/ou recebido através de diferentes antenas é uma técnica poderosa para mitigar o desvanecimento e aumentar a fiabilidade da ligação; combina, no recetor, diferentes sinais do canal de rádio, originados pela propagação multipercurso, de modo a obter o fluxo da fonte em melhores condições. Com esta técnica MIMO, as antenas do recetor podem proporcionar um ganho de potência e, se forem utilizados códigos espácio-temporais, pode também obter-se um ganho de transmissão por diversidade espacial. Tudo isto pode ser conseguido sem necessidade de conhecimento do canal no transmissor, ou seja, sem informação do estado do canal (CSI) antes de qualquer transmissão de dados.

Em geral, a diversidade espacial não sofre uma perda de eficiência em termos de largura de banda, uma vez que utiliza múltiplas antenas para atingir a diversidade [28], [26-31]. A diversidade espacial pode ser classificada em três categorias: diversidade de receção (canais SIMO - single-input multiple-output), diversidade de transmissão (canais MISO - multiple-input single-output) e diversidade de transmissão e receção (canais MIMO - multiple-input multiple-output). A diversidade de receção pode ser simplesmente obtida através da instalação de várias antenas na extremidade recetora para recolher cópias desvanecidas independentes dos sinais transmitidos. A diversidade na transmissão exige um processamento de sinal mais complexo no transmissor. Em particular, a informação de origem é primeiro pré-codificada e depois espalhada pelas múltiplas antenas de transmissão. A diversidade de transmissão e receção é conseguida através da utilização de múltiplas antenas nos extremos de transmissão e receção.

2.7.1 Receber a diversidade

Considere um sistema sem fios com 1 antena de transmissão e K antenas de receção, ou seja, existem K versões do sinal transmitido recebidas através de K canais independentes no destino. Seja x[n] o sinal transmitido. Então os K sinais recebidos são:

yk[n] = hk[n]x[n] + zk[n], k = 1, . . . ,N

em que hk[n] é o coeficiente de desvanecimento do canal entre a antena de transmissão e a k-ésima antena de receção e zk[n] é a componente de ruído na k-ésima antena de receção. Os K sinais recebidos têm de ser combinados no recetor para tomar uma decisão sobre o sinal transmitido x[n]. Existem três técnicas de combinação principais, nomeadamente

- a combinação de rácio máximo (MRC), e

- seleção combinada (SC)

- combinação de ganho igual

Combinação de rácio máximo

Nesta técnica de combinação, o conhecimento de todos os coeficientes do canal de desvanecimento é necessário no destino. Na prática, o coeficiente do canal de desvanecimento pode ser estimado através do envio de sinais de treino (ou piloto) conhecidos. Dado o coeficiente do canal de desvanecimento, cada sinal recebido é co-faseado, ponderado com a sua amplitude correspondente e depois somado. É um esquema de combinação ótimo no sentido em que maximiza a SNR do combinador. De facto, a SNR da saída do combinador é igual à soma de todas as SNRs instantâneas dos sinais individuais recebidos, ou seja, a combinação de todos os sinais de forma co-faseada e ponderada, de modo a obter sempre a SNR mais elevada possível no recetor.

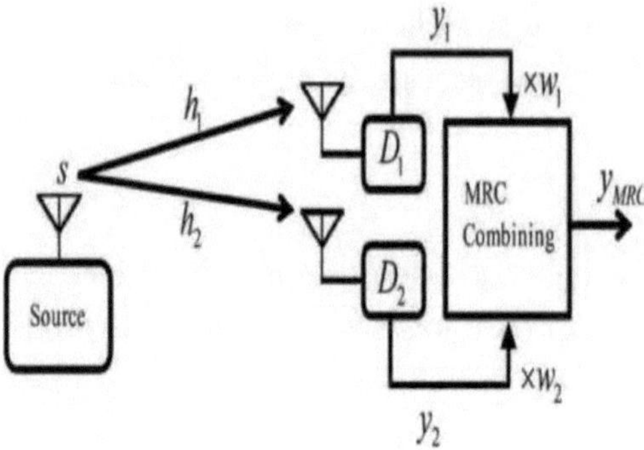

Figura 2.6: Sinais de combinação MRC

Seleção Combinação

Esta técnica de combinação processa apenas um dos sinais recebidos, ou seja, é necessária apenas uma cadeia de radiofrequências no recetor para fornecer o sinal de banda base. Especificamente, o destino escolhe o sinal recebido com o SNR mais elevado para deteção.

Combinação de ganho igual:

Num recetor EGC, as portadoras do sinal recebido são primeiro co-faseadas, como no caso do MRC, e depois ponderadas igualmente pelas suas amplitudes. Por outras palavras, os pesos dos ramos são todos fixados na unidade. A possibilidade de produzir um sinal aceitável a partir de uma série de entradas inaceitáveis mantém-se. O desempenho do recetor EGC é superior ao desempenho da diversidade de seleção e apenas marginalmente inferior em comparação com o MRC. O EGC é frequentemente utilizado na prática devido à sua complexidade reduzida em relação ao esquema MRC ótimo. Isto deve-se ao facto de este último exigir o conhecimento da amplitude de desvanecimento em cada ramo do sinal, enquanto o primeiro não exige esse conhecimento. Algumas aplicações práticas do EGC incluem a utilização de circuitos regenerativos para co-fasear as portadoras recebidas.

2.7.2 Diversidade de transmissão

Quando a implementação de múltiplas antenas de receção para obter diversidade de receção não é possível devido a restrições de complexidade, consumo de energia e custo no recetor, a diversidade de transmissão é desejável, uma vez que pode reduzir os esforços de processamento de sinal necessários no recetor. Além disso, a diversidade de transmissão pode melhorar ainda mais o desempenho do sistema quando incorporada na diversidade de receção. Para descrever a técnica de diversidade de transmissão, considere um sistema sem fios com K antenas de transmissão e 1 antena de receção. É fácil ter K réplicas independentes de um sinal transmitido, bastando transmitir o mesmo símbolo através das K antenas diferentes durante K tempos de símbolo. Em qualquer altura, apenas uma antena transmite e as outras permanecem em silêncio. No entanto, esta abordagem é claramente muito ineficiente. esquema simples para obter alguma informação sobre o funcionamento de um sistema de codificação espaço-temporal. Este esquema é o muito conhecido esquema Alamouti, originalmente concebido para duas antenas de transmissão sem qualquer perda de largura de banda [23]. O esquema transmite dois símbolos em dois intervalos de tempo, assumindo que os coeficientes de canal permanecem constantes durante esse período, ou seja, em n e n + 1 intervalos de tempo.

3. Comunicações cooperativas

Na comunicação sem fios cooperativa, estamos preocupados com uma rede sem fios, da variedade celular ou ad hoc, em que os agentes sem fios, a que chamamos utilizadores, podem aumentar a sua qualidade de serviço efectiva (medida na camada física por taxas de erro de bit, taxas de erro de bloco ou probabilidade de interrupção) através da cooperação Num sistema de comunicação cooperativa, assume-se que cada utilizador sem fios transmite dados e actua como agente cooperativo para outro utilizador (Fig. 3). A cooperação conduz a soluções de compromisso interessantes em termos de taxas de código e de potência de transmissão. No caso da potência, pode-se argumentar, por um lado, que é necessária mais potência porque cada utilizador, quando em modo cooperativo, está a transmitir para ambos os utilizadores.

Por outro lado, a potência de transmissão de base para ambos os utilizadores será reduzida devido à diversidade. Face a este compromisso, espera-se uma redução líquida da potência de transmissão, mantendo-se tudo o resto constante.

Um sistema cooperativo pode ser considerado como um conjunto de antenas virtuais, em que cada antena do conjunto corresponde a um dos parceiros que podem ouvir os sinais uns dos outros, processá-los e retransmiti-los para cooperar. Isto proporciona observações adicionais, do sinal transmitido, no destino, a observação que normalmente é descartada e desaparece no espaço.

Motivada por tudo o que foi dito acima, a comunicação cooperativa envolve duas ideias principais:

i) utilizar retransmissão (multi-hop) para formar um sistema que proporcione diversidade espacial em ambiente de desvanecimento.

ii) prevê um sistema de matriz de antenas virtuais em que cada retransmissor (parceiro) tem a sua própria informação para enviar, para além de atuar como retransmissor para os outros parceiros.

Essencialmente, as transmissões cooperativas podem ser entendidas como conjuntos de antenas virtuais, obtendo todas as melhorias de desempenho associadas aos canais MIMO: diversidade espacial, ganho de capacidade e poupança de energia.

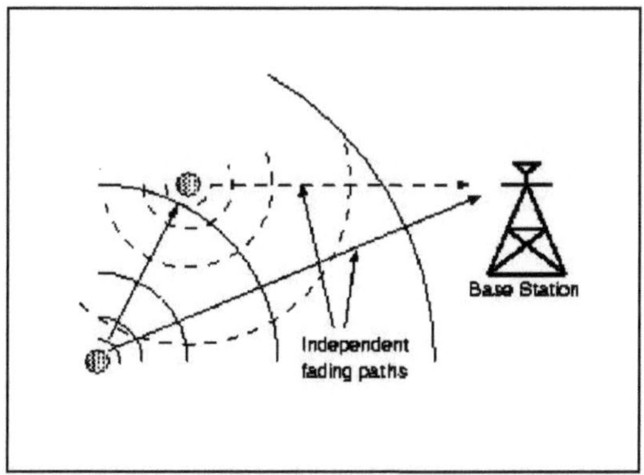

Figura 3.1: Comunicação cooperativa numa rede sem fios

3.1 ANTECEDENTES

O conceito de comunicações cooperativas consiste em explorar a natureza de difusão das redes sem fios, em que os nós vizinhos ouvem os sinais da fonte e transmitem a informação ao destino. Como se pode ver na Fig. 3-1, depois de receberem os sinais provenientes da fonte, os terminais de terceiros que actuam como retransmissores reencaminham a informação que ouviram para o destino, de modo a aumentar a capacidade e/ou melhorar a fiabilidade da comunicação direta. A transmissão de extremo a extremo está claramente dividida em duas fases distintas no domínio do tempo: Fase de difusão e fase de retransmissão Na fase de difusão, ou seja, no canal de difusão do ponto de vista da fonte, todos os terminais de receção, incluindo os retransmissores e o destino, trabalham no mesmo canal (tempo ou frequência), ao contrário da segunda fase. Na fase de retransmissão, ou seja, canais de acesso múltiplo do ponto de vista do destino, os terminais de transmissão (nós de retransmissão) podem funcionar em canais diferentes para evitar interferências co-canal.

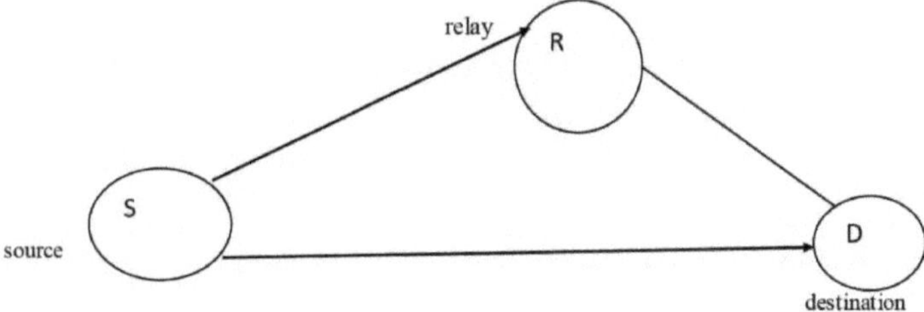

Figura 3.2: diagrama simplificado da comunicação cooperativa

A comunicação em cooperação tem por objetivo o processamento e a retransmissão destas informações recebidas em excesso para o destino, a fim de criar diversidade espacial e, consequentemente, obter um maior rendimento e fiabilidade.

3.2 Comunicações cooperativas: Modos de transmissão

3.2.1 Meio duplex

O nó transmite ou recebe num dado momento

3.2.2 Full duplex

O nó transmite e recebe simultaneamente em full duplex facilita a reutilização de frequências utilizando rádios que podem receber e transmitir simultaneamente numa única banda de frequência. Esta operação foi considerada impossível até que recentemente os investigadores começaram a questionar as suas premissas e surgiu um verdadeiro impulso para tornar o full duplex uma realidade. Todos os sistemas de comunicação convencionais aplicam o half duplex sob a forma de duplex por divisão do tempo e/ou por divisão da frequência (TDD e/ou FDD), de modo a que cada rádio transmita e receba sempre em intervalos de tempo e/ou bandas de frequência diferentes. Neste caso, o principal objetivo é a retransmissão, que pode ser considerada como o primeiro candidato à adoção do full duplex. O conceito geral em si já está bem estabelecido e é famoso no domínio das comunicações cooperativas, mas as ligações de retransmissão práticas têm recorrido, até agora, ao TDD ou ao FDD. Outras aplicações potenciais para o full duplex são a comunicação bidirecional entre dois terminais full-duplex e um ponto de acesso full-duplex (ou uma estação de base) que serve um utilizador de ligação descendente em simultâneo com um utilizador de ligação ascendente, funcionando ambos em modo half-duplex

- Foram propostos vários protocolos de transmissão

- esquema direto, o esquema não cooperativo, o esquema cooperativo e o esquema adaptativo. Exceto no esquema direto, o nó de destino utiliza o sinal retransmitido em todos os outros esquemas.

3.2.3 Regime direto

No esquema direto, o destino descodifica os dados utilizando o sinal recebido do nó de origem na primeira fase, em que a transmissão da segunda fase é omitida para que o nó de retransmissão não esteja envolvido na transmissão. O sinal de descodificação recebido do nó de origem.

Embora a vantagem do esquema direto seja a sua simplicidade em termos de processamento da descodificação, a potência do sinal recebido pode ser muito baixa se a distância entre o nó de origem e o nó de destino for grande. Assim, no que se segue, consideramos um esquema não cooperativo que explora a retransmissão de sinal para melhorar a qualidade do sinal.

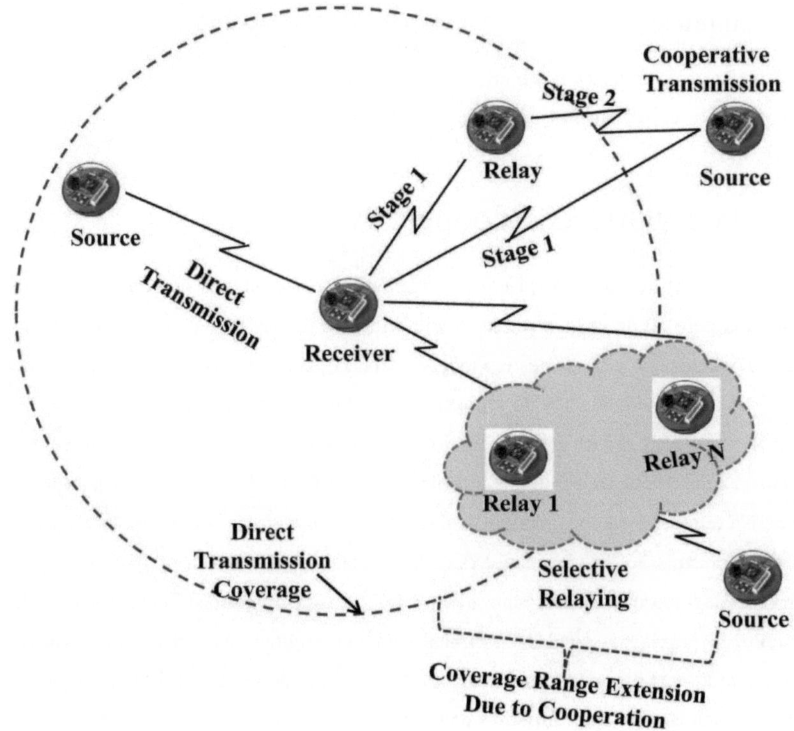

Figura 3.3: Regime direto

3.2.4 Esquema não cooperativo

No esquema não cooperativo, o destino descodifica os dados utilizando o sinal recebido do retransmissor na segunda fase, o que resulta num ganho de potência do sinal. O sinal recebido do nó retransmissor retransmite o sinal recebido do nó de origem. A fiabilidade da descodificação pode ser baixa, uma vez que o grau de liberdade não é aumentado pela retransmissão do sinal. Não há aumento da ordem de diversidade, uma vez que este esquema explora apenas o sinal retransmitido e o sinal direto do nó de origem não está disponível ou não é tido em conta. Quando podemos tirar partido desse sinal, o resultado é um aumento da ordem de diversidade. Assim, a seguir consideramos o esquema cooperativo que descodifica o sinal combinado dos sinais direto e retransmitido.

3.2.5 Regime de cooperativas

Para a descodificação cooperativa, o nó de destino combina dois sinais recebidos da fonte e dos nós de retransmissão, o que resulta na vantagem da diversidade. Todo o vetor de sinal recebido no nó de destino.

3.2.6Esquema adaptativo

O esquema adaptativo seleciona um dos três modos descritos acima, que são os esquemas direto, não cooperativo e cooperativo, com base nas informações sobre o estado do canal da rede e noutros parâmetros da rede.

3.3 Relés: Na comunicação cooperativa

A ideia básica da retransmissão cooperativa em redes sem fios é que alguns nós que ouviram a informação transmitida pelo nó de origem retransmitem-na ao nó de destino em vez de a tratarem como interferência. Uma vez que o nó de destino recebe várias cópias independentes da informação transmitida pelo nó de origem e pelos nós de retransmissão, obtém-se diversidade cooperativa. Os retransmissores, nós ou antenas são os mesmos termos utilizados na comunicação cooperativa. Os retransmissores são os agentes que transmitem a informação sob a forma de sinais entre a estação de base e o telemóvel. Na retransmissão cooperativa, é acrescentada uma via de comunicação adicional através dos nós de retransmissão. Devido à diversidade espacial, pode assumir-se que as vias de comunicação através dos retransmissores têm efeitos de desvanecimento suficientemente não correlacionados com os problemas de desvanecimento na via original. Ao selecionar a via de comunicação com as melhores propriedades físicas, a informação pode ser transmitida com menor consumo de energia. A seleção de retransmissores entre os retransmissores disponíveis é crucial para melhorar o desempenho da retransmissão cooperativa [5]-[10]. Em [5], é proposto um conceito de diversidade de seleção em sistemas cooperativos, e os autores demonstram que a seleção cooperativa de retransmissores tem um desempenho superior ao esquema STC distribuído. Ng e Yu [6] apresentam uma estrutura de otimização centralizada, na qual a estação de base resolve as estratégias conjuntas de retransmissão e o problema de atribuição de recursos com base no feedback da estimativa de canal dos receptores e, em seguida, informa todos os utilizadores sobre os níveis de potência adequados e as estratégias de cooperação.

Quando há seleção de retransmissores, a diversidade resultante é normalmente designada por diversidade de seleção. A seleção dos relés é efectuada para melhorar o desempenho. A diversidade alcançada é proporcional ao número de retransmissores disponíveis e não ao número de retransmissores selecionados. O objetivo da seleção varia consoante a aplicação. Por exemplo, a seleção em redes sem fios visa preservar o consumo de energia para prolongar a vida útil da bateria dos nós sensores. A seleção de retransmissores aborda o problema de como e quando selecionar um retransmissor de entre um conjunto de nós e se deve utilizar um ou mais retransmissores para assistir a uma transmissão.

Basicamente, o número de retransmissores corresponde diretamente à ordem de diversidade do sistema. Por exemplo, um esquema em que é utilizado um retransmissor atinge uma ordem de diversidade de dois. Se forem utilizados n retransmissores, a ordem de diversidade passa a ser n+1. O parâmetro determinante n é o número de nós que estão ao alcance de transmissão da fonte e do destino e que estão dispostos a cooperar. Foi demonstrado em [7, 8] que a mesma ordem de diversidade pode ser alcançada se apenas o melhor retransmissor atual de um conjunto de potenciais retransmissores for escolhido para encaminhar os dados. O processo de seleção de retransmissores consome energia e tempo, mas na presença de mobilidade ou em ambientes altamente dinâmicos, a seleção de retransmissores deve ser realizada com frequência suficiente para explorar a diversidade de um canal melhor. Basicamente, a dinâmica da ICSI determina a frequência com que a seleção de retransmissores é necessária. Por conseguinte, a conceção adequada do protocolo de seleção de retransmissores constitui uma parte essencial de um sistema de retransmissão. Existem inúmeros métodos de seleção de retransmissores num ambiente, alguns dos quais são mencionados a seguir:

- Seleção de relé único

- A melhor seleção de relés

- É selecionado o relé com o SNR máximo

- Seleção do vizinho mais próximo

- É selecionada a opção "Closet to the base-station

- Melhor pior seleção de canais

-   Seleção do melhor gargalo de garrafa

-   Seleção de relés múltiplos

-   Encomenda e seleção de relés

-   Os relés são ordenados segundo uma determinada função de ordenação.

-   Os relés selecionados cooperam com potência total ou não cooperam de todo.

-   Seleção de retransmissores múltiplos com complexidade linear

- As funções de ordenação são lineares em termos de complexidade

- Seleção de retransmissores múltiplos com complexidade quadrática

-   A seleção é feita iterativamente e com base na SNR de receção

-   Seja R o número de retransmissores. Os conjuntos R são formados literariamente com base na sua

SNR de receção.

- Cada recursão resulta num novo conjunto.

- É selecionado um conjunto com base na SNR de receção necessária.

Alguns dos processos de seleção de relés são apresentados abaixo

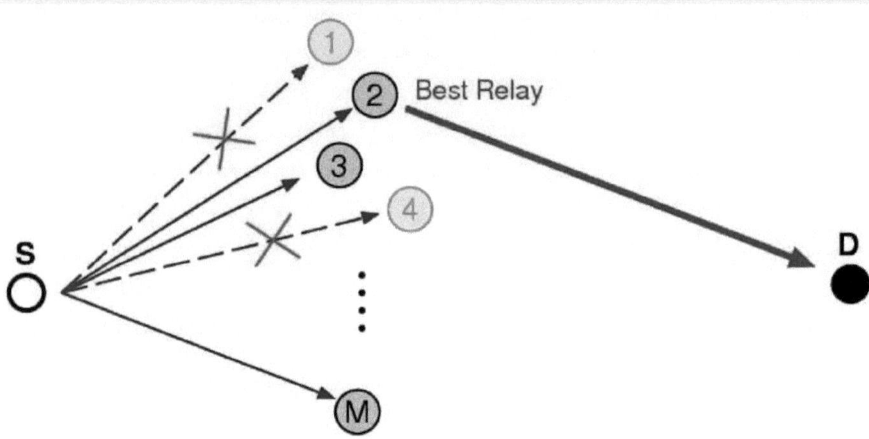

Figura 3.4: BSR (melhor seleção de retransmissor)

3.4 Diferentes esquemas utilizados na comunicação cooperativa

Num sistema de comunicação cooperativo, os utilizadores actuam como fontes de informação e como retransmissores.

Existem três esquemas de cooperação mais importantes: amplificar e encaminhar, detetar e encaminhar e cooperação codificada.

3.4.1 Amplificar e transmitir

Este método foi proposto e analisado por Lanemanet *al.* [3]. Neste método, cada utilizador recebe uma versão com ruído do sinal transmitido pelo seu parceiro. Como o nome indica, o utilizador amplifica e retransmite esta versão ruidosa. A estação de base combina a informação enviada pelo utilizador e pelo parceiro, e toma uma decisão final sobre o bit transmitido.

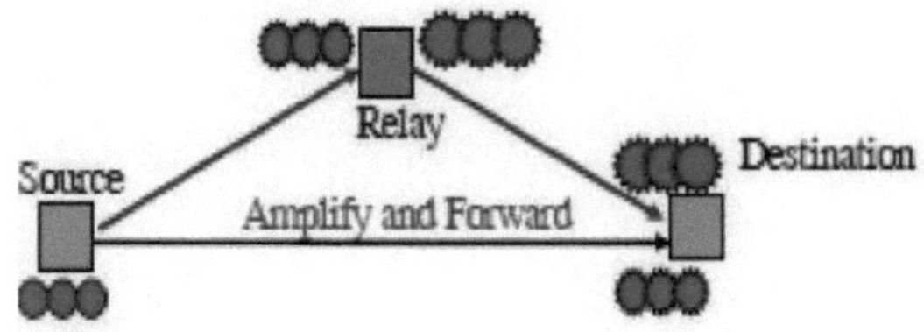

Figura3.5: Amplificar e encaminhar

Foi demonstrado que, para o caso de dois utilizadores, este método atinge uma diversidade de ordem dois, que é o melhor resultado possível a uma SNR elevada. No método de amplificação e encaminhamento, parte-se do princípio de que a estação de base conhece os coeficientes do canal interutilizador para efetuar uma descodificação óptima, pelo que qualquer implementação deve incorporar algum mecanismo de troca ou estimativa desta informação. Outro desafio potencial é que a amostragem, amplificação e retransmissão de valores analógicos não é tecnologicamente trivial. No entanto, o método amplificar-e-encaminhar é um método simples que se presta à análise e, por isso, tem sido muito útil para aprofundar a nossa compreensão dos sistemas de comunicação cooperativa.

3.4-2 MÉTODOS DE DETECÇÃO E ENCAMINHAMENTO

Este método é talvez o que mais se aproxima da ideia de uma retransmissão tradicional. Neste método, um utilizador tenta detetar os bits do parceiro e depois retransmite os bits detectados (Fig.3.1)

Assim, o utilizador pode ter uma segunda via de diversidade. A forma mais fácil de o fazer é através do emparelhamento, em que cada dois utilizadores são emparelhados como parceiros para cooperarem entre si. Podem também ser utilizados outros tipos de topologias que não estejam sujeitos a restrições de emparelhamento. Esta sinalização tem a vantagem da simplicidade e da adaptabilidade às condições do canal. Devem ser feitas várias observações em relação a este método.

Em primeiro lugar, é possível que a deteção pelo parceiro não seja bem sucedida, caso em que a cooperação pode ser prejudicial para a eventual deteção dos bits na estação de base. Além disso, a estação de base precisa de conhecer as caraterísticas de erro do canal interutilizador para otimizar a descodificação. Para evitar o problema da propagação de erros, Lanemanet al. [3] propuseram um método híbrido de descodificação e reencaminhamento em que, quando o canal com desvanecimento tem uma elevada relação sinal-ruído instantânea (SNR), os utilizadores detectam e reencaminham os dados dos seus parceiros, mas quando o canal tem uma SNR baixa, os utilizadores passam a um modo não cooperativo.

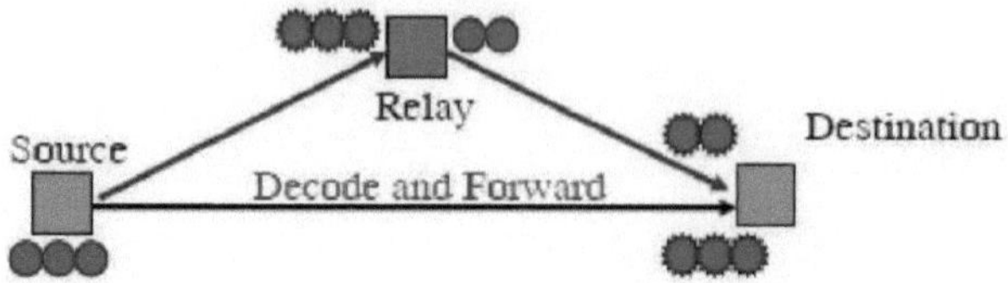

Figura 3.6: Descodificação e encaminhamento

Em [43, 40], Laneman, Wornell e Tse consideram a probabilidade de interrupção de um protocolo de deteção e encaminhamento básico, para o qual um evento de interrupção ocorre se o canal entre o utilizador e o parceiro estiver em interrupção. Por outras palavras, assume-se uma interrupção se um utilizador não conseguir detetar com êxito os símbolos do parceiro. É demonstrado que este protocolo atinge a diversidade de ordem um, a mesma que a transmissão não cooperativa, e que, na realidade, tem um desempenho pior do que a transmissão não cooperativa para uma vasta gama de condições. Para evitar o problema da propagação de erros pelo parceiro, Laneman, Wornell e Tse [43, 40] propõem um método híbrido de detetar e encaminhar em que, quando o canal entre os utilizadores tem uma SNR instantânea elevada, os utilizadores detectam e encaminham os dados do seu parceiro, mas quando o canal tem uma SNR baixa, os utilizadores voltam a um modo não cooperativo. Em particular, se o canal entre os utilizadores estiver em falha (que os utilizadores podem determinar através de medições da SNR), cada utilizador opta por não cooperar, limitando-se a repetir os seus próprios símbolos durante esse período.

3.4.3 Cooperação codificada

A cooperação codificada é um quadro em que os telemóveis sem fios podem transmitir conjuntamente os seus sinais, conseguindo assim uma série de melhorias significativas na comunicação sobre canais de desvanecimento multipercurso: maior clareza e inteligibilidade para as comunicações de voz, maiores débitos para as comunicações de dados, menor potência de transmissão e maior duração da bateria. Na cooperação codificada, dois utilizadores formam uma parceria para transmitir as suas informações utilizando ambas as suas antenas (ver figura abaixo). Num canal sem fios, a transmissão de cada utilizador é recebida, em diferentes graus, pelos outros utilizadores e pela estação de base. Por conseguinte, um telemóvel pode receber e retransmitir os dados de um parceiro para a estação de base, prestando assim assistência ao telemóvel original. Uma vez que os dois fluxos são recebidos através de caminhos de desvanecimento independentes, a diversidade espacial proporcionará uma melhoria na receção global, mesmo se escalarmos as potências (como é exigido pela equidade) de modo a que a quantidade global de potência por bit de dados no sistema permaneça a mesma.

Mais especificamente, o primeiro quadro contém uma versão codificada de N1 bits dos dados de origem. O processo de cooperação começa quando ambos os utilizadores transmitem o seu próprio primeiro quadro. Este primeiro quadro é recebido tanto pela estação de base como pelo parceiro, provavelmente com SNR diferentes. Se o parceiro descodificar corretamente o primeiro quadro do utilizador (determinado pela verificação do CRC), o parceiro calcula e transmite N2 bits de paridade adicionais para os dados do utilizador no segundo quadro, produzindo um código global mais potente. A estação de base recebe estes dois componentes de código e descodifica-os em conformidade. O ganho de diversidade resulta do facto de as duas transmissões chegarem através de caminhos de desvanecimento independentes (diversidade espacial).

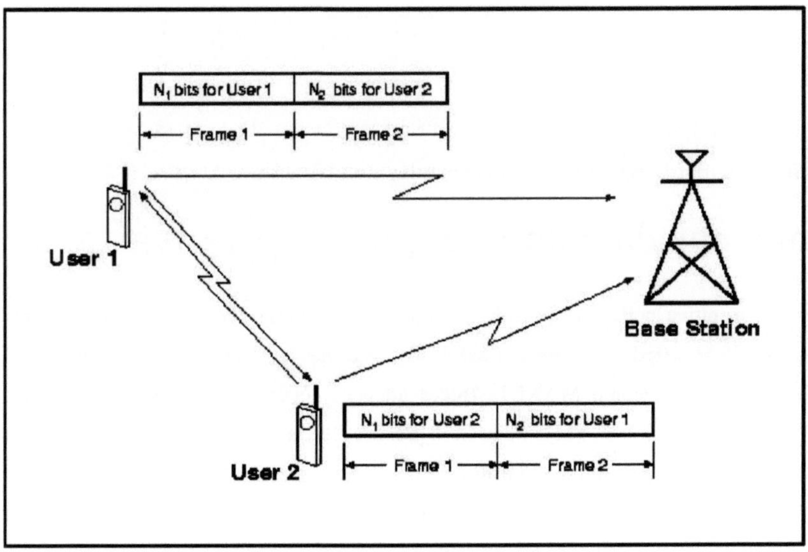

Figura 3.7: Cooperação codificada

Devido às incertezas do canal, os dados do utilizador podem por vezes não ser recebidos com êxito pelo parceiro. Nesse caso, o parceiro utilizará o segundo quadro para codificar e transmitir bits de paridade adicionais para si próprio. Note-se que cada utilizador transmite sempre um total de N = N1 + N2 bits por bloco fonte ao longo dos dois quadros e que os utilizadores apenas transmitem nos seus próprios canais de acesso múltiplo. A cooperação codificada mantém a mesma taxa de informação, potência de transmissão e largura de banda (para ambos os utilizadores) em comparação com o sistema não cooperativo. Por outras palavras, não são necessários recursos de sistema adicionais; não há perda de taxa ou de potência no sistema em comparação com o caso não cooperativo. A ideia-chave é que, em primeiro lugar, cada utilizador recupera a taxa utilizada pelo seu parceiro, uma vez que este lhe devolverá um número igual de bits codificados. Em segundo lugar, os bits não são repetidos pelo parceiro, ao contrário de uma retransmissão tradicional. O esquema utilizado neste quadro é algo semelhante à "redundância incremental" utilizada na codificação ARQ híbrida. Como mantemos a taxa de bits codificada global, bem como as taxas de código, constantes, não há perda de taxa devido à cooperação.

Transmissão	Complexidade	Ruído no relé	Necessidades de retransmissão
AF	Veiy baixo	C aliado mais ruído a lx	Nada
DF	elevado	Estimativa perfeita	Cadernos de códigos completos
CF	baixo	Distorção dos pinos de contacto	Distiibuição do sinal lx

Tabela 3-1: Diferentes métodos de codificação com relés em utilização

3.5 Vantagens da comunicação cooperativa

A comunicação cooperativa pode ser aplicada tanto a redes baseadas *em* infra-estruturas, como sistemas celulares, WLANs (redes locais sem fios), WMANs (redes metropolitanas sem fios), como a redes *sem* infra-estruturas, como MANETs (redes ad hoc móveis), VANETs (redes ad hoc veiculares) e WSNs (redes de sensores sem fios). Com grandes mercados-alvo existentes e vantagens indiscutíveis, a comunicação cooperativa é uma das melhores oportunidades actuais para investigação de grande impacto na área das comunicações sem fios. Como tal, esta área de investigação emergente tem suscitado um enorme entusiasmo nos círculos académicos e industriais e resultou numa vaga de artigos de investigação nos últimos anos.

Potência reduzida: Se negociarmos a melhoria da qualidade do sinal com a potência de transmissão, a potência total de transmissão da diversidade cooperativa pode ser reduzida para ser significativamente inferior à potência de transmissão da transmissão directa tradicional para os mesmos níveis de SNR ou de potência recebida de extremo a extremo

Melhor *cobertura*: A extensão da cobertura do sinal e do alcance da comunicação a utilizadores remotos com grandes perdas de percurso, utilizando a melhoria da qualidade do sinal (em termos de maior SNR e potência recebida). Além disso, se as localizações dos retransmissores forem cuidadosamente escolhidas, a diversidade cooperativa pode ultrapassar grandes sombras que possam existir na ligação direta devido ao bloqueio por objectos de grandes dimensões

As comunicações cooperativas permitem a utilização eficiente dos recursos de comunicação, permitindo que os nós ou terminais de uma rede de comunicações colaborem entre si na transmissão de informações

Dinâmica: Com a comunicação cooperativa, existe uma flexibilidade nas configurações da rede, em que o número de nós cooperantes pode ser alterado de acordo com um critério de desempenho do sistema especificado;

3.6 Imperfeição da comunicação cooperativa

Foi demonstrado que a diversidade cooperativa traz vários benefícios, incluindo melhor qualidade de sinal, potência de transmissão reduzida, melhor cobertura e maior capacidade. A diversidade cooperativa tem alguns inconvenientes e desafios, incluindo a sobre-utilização de recursos, atrasos adicionais, complexidade de implementação, indisponibilidade de nós cooperantes e ameaças à segurança.

* **Combinação e deteção *de sinais***

* **Utilização de energia** - Os dispositivos sem fios têm uma utilidade máxima quando podem ser utilizados "em qualquer lugar e em qualquer altura". No entanto, uma das maiores limitações a esse objetivo são as fontes de alimentação finitas. Uma vez que as baterias fornecem energia limitada, uma limitação geral da comunicação sem fios é o curto tempo de funcionamento contínuo dos terminais móveis. Por conseguinte, a gestão da energia é um dos problemas mais difíceis na comunicação sem fios. Os estudos mostram que os principais consumidores de energia num computador portátil típico são o microprocessador (CPU), o ecrã de cristais líquidos (LCD), o disco rígido, a memória do sistema (DRAM), o teclado/rato, a unidade de CD-ROM, a unidade de disquetes, o subsistema de E/S e a placa de interface de rede sem fios. Um exemplo típico de um computador móvel Toshiba 410 CDT demonstra que cerca de 36% da energia consumida é consumida pelo ecrã, 21% pela CPU/memória, 18% pela interface sem fios e 18% pelo disco rígido.

* **Protocolos de retransmissão** - Os retransmissores que recebem e retransmitem os sinais entre as estações de base e os telemóveis podem ser utilizados para aumentar o débito e alargar a cobertura das redes celulares. Os retransmissores de infraestrutura não necessitam de ligação por cabo à rede, o que permite poupar nos custos de backhaul dos operadores. Os retransmissores móveis podem ser utilizados para criar redes locais entre utilizadores móveis no âmbito das redes celulares de grande extensão. As questões práticas dos sistemas cooperativos, como a sinalização entre retransmissores e os diferentes atrasos de propagação devidos às diferentes localizações dos retransmissores, são

frequentemente ignoradas. Se a diferença de tempo de chegada entre o caminho direto da fonte ao destino e os caminhos fonte-relé-destino for limitada, os retransmissores devem localizar-se no interior do elipsoide, como se mostra a seguir.

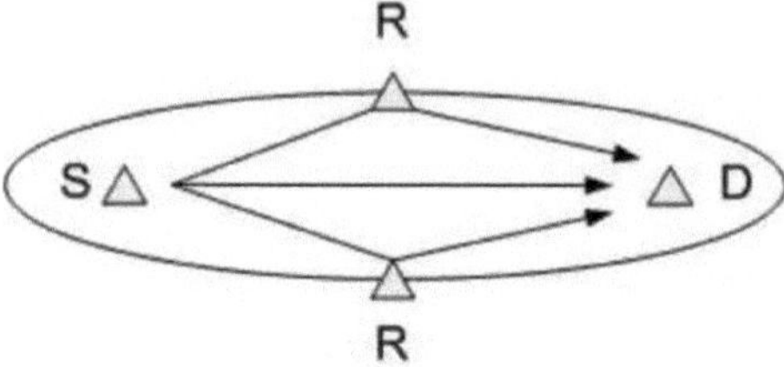

Figura 3.8: Formação do caminho pelo relé

• **Sincronização:** O sincronismo é necessário para um vasto conjunto de objectivos em redes cooperativas -Coordenação de desligamento/ligação para poupança de energia Marcação de tempo de dados Combinação coerente em comunicação ou deteção (comunicação cooperativa, fusão, localização de posição), o ambiente cooperativo precisa de manter isto.

• **Gestão de recursos - Os recursos**, especialmente no contexto das redes sem fios, são considerados escassos e deficientes. A gestão adequada dos recursos é crucial para uma utilização eficiente das redes e para a satisfação dos utilizadores.

• **Indisponibilidade dos nós cooperantes**: não há garantia de que os outros nós estejam sempre disponíveis ou dispostos a cooperar

• **Ameaças à segurança**: um desafio sério na segurança dos dados dos utilizadores, simplesmente porque diferentes utilizadores partilham os seus dados uns com os outros. A difusão cooperativa é propensa a ataques de espionagem devido   à sua conetividade sem fios com vários nós. Atualmente

Toda a gente deseja utilizar o seu equipamento sem fios para efetuar transacções sensíveis em termos de segurança sem fios, como operações bancárias em linha, transacções em bolsa e compras. Nestes casos, a proteção dos dados pessoais e comerciais é muito importante. Quando um recetor recebe uma mensagem, pode ficar preocupado em saber quem é o verdadeiro remetente e se o conteúdo da mensagem foi alterado ilegalmente por alguém durante a transmissão. O problema do sigilo das mensagens tornou-se um aspeto importante da segurança da informação nos tempos modernos. Certas questões, como a conetividade fiável, autenticada e fiável em redes de comunicação cooperativa multi-nó em consulta com a eficiência energética, são os verdadeiros desafios futuros.

3.7 Comunicações cooperativas: Normas sem fios

Devido às vantagens das comunicações cooperativas, estas entraram nas normas dos futuros sistemas sem fios

- Evolução a longo prazo (LTE), ou conhecida como 4G

- redes de sensores sem fios (IEEE 802.15.4), e

- sistemas fixos sem fios de banda larga (WiMax, IEEE 802.16j)

- WiMax móvel (IEEE 802.11e)

- LANs sem fios (802.11, a, b, g, n)

- Técnicas cognitivas de rádio/partilha de espetro (IEEE 802.22)

4. Diferentes codificações utilizadas nas comunicações cooperativas

Nos sistemas de comunicação sem fios, os erros na transmissão de dados podem provir de muitas fontes diferentes (ou seja, ruído aleatório, interferência, desvanecimento do canal e defeitos físicos, etc.). Estes erros de canal devem ser reduzidos a um nível aceitável para garantir uma transmissão de dados fiável. Para combater os erros, utilizamos normalmente duas estratégias, autónomas ou combinadas. A primeira é o pedido automático de repetição (ARQ). Um sistema ARQ tenta detetar a presença de erros nos dados recebidos. Se forem encontrados erros, o recetor notifica o transmissor da existência de erros. O transmissor reenvia então os dados até serem corretamente recebidos. Em muitas aplicações práticas, a retransmissão pode ser difícil ou nem sequer ser viável. Por exemplo, é impossível para qualquer recetor num sistema de radiodifusão em tempo real pedir que os dados sejam reenviados. Neste caso, é utilizada a segunda estratégia, conhecida como códigos de controlo de erros (ECC). Existem vários tipos diferentes de CCE, mas podemos classificá-los livremente em duas famílias de códigos. Uma é designada por códigos de bloco, que codificam e descodificam dados numa base de bloco a bloco, sendo os blocos de dados independentes uns dos outros. Os códigos de bloco incluem códigos de repetição, códigos de Hamming [25], códigos Reed Solomon [26] e códigos BCH [27]. Outra família de códigos, nomeadamente os códigos convolucionais [28], funciona num fluxo contínuo de dados.

4.1 Codificação convolucional

Na comunicação cooperativa, o código de convolução tem de transportar simultaneamente informação para o destino e para o parceiro. Assim, parte do código utilizado para transferir informação para o parceiro tem de ser um bom código para o canal interutilizador, pelo que partimos de um bom código para o canal interutilizador e adicionamos bits de paridade adicionais para obter um bom código cooperativo. A utilização do código convolucional com comunicação cooperativa permite uma diversidade total e um excelente ganho de codificação. Neste esquema, cada palavra de código do nó de origem é dividida em dois quadros que são transmitidos em duas fases. Na primeira fase, o primeiro quadro é transmitido da fonte para os retransmissores e o destino. Na segunda fase, o segundo quadro é transmitido em subcanais ortogonais da fonte e dos nós de retransmissão para o destino. Assume-se que cada retransmissor está equipado com um código de verificação de redundância cíclica (CRC) para deteção de erros. Apenas esses retransmissores (cujos CRCs são verificados) transmitem na segunda fase. Caso contrário, mantêm-se em silêncio. No destino, as réplicas recebidas (do segundo quadro) são combinadas utilizando a combinação de rácio máximo.

A palavra-código inteira, que compreende os dois quadros, é decodificada através do algoritmo viterbi. Para a codificação cooperativa do canal, foi considerado um comprimento de bloco finito N. Os códigos convolucionais são um pouco como os códigos de bloco discutidos na aula anterior, na medida em que envolvem a transmissão de bits de paridade que são calculados a partir de bits de mensagem. No entanto, ao contrário dos códigos de bloco na forma sistemática, o emissor não envia os bits de mensagem seguidos (ou intercalados) pelos bits de paridade; num código convolucional, o emissor envia apenas os bits de paridade O codificador utiliza uma janela deslizante para calcularE1 bits de paridade, combinando vários subconjuntos de bits na janela. A combinação é uma simples adição (i.e., adição módulo 2 ou, de forma equivalente, uma operação de "ou exclusivo"). Ao contrário de um código de bloco, as janelas sobrepõem-se e deslizam. O tamanho da janela, em bits, é chamado de comprimento de restrição do código. Quanto maior o comprimento de restrição, maior o número de bits de paridade que são influenciados por qualquer bit de mensagem. Como os bits de paridade são os únicos bits enviados pelo canal, um comprimento de restrição maior geralmente implica uma maior resistência a erros de bit. No entanto, a contrapartida é que demorará consideravelmente mais tempo a descodificar códigos de comprimento de restrição longo, pelo que não se pode aumentar arbitrariamente o comprimento de restrição e esperar uma descodificação rápida. Se um código convolucional que produz r bits de paridade por janela e desliza a janela para a frente um bit de cada vez, a sua taxa (quando calculada sobre mensagens longas) é1/r. Quanto maior for o valor de r, maior é a resistência aos erros de bit, mas a contrapartida é que uma quantidade proporcionalmente maior de largura de banda de comunicação é dedicada à sobrecarga de codificação. Os códigos convolucionais são utilizados extensivamente em numerosas aplicações para obter uma transferência de dados fiável, incluindo rádio vídeo digital, comunicações móveis e comunicações por satélite. Estes códigos são frequentemente implementados em concatenação com um código de decisão difícil, nomeadamente o código Reed Solomon. Antes dos códigos turbo, estas construções eram as mais eficientes, aproximando-se mais do limite de Shannon.

4.2 Codificação LDPC

Os códigos de controlo de paridade de baixa densidade (LDPC), também conhecidos como códigos Gallager, são uma classe de códigos lineares de correção de erros em bloco. Os códigos LDPC foram descobertos por Robert Gallager [31, 32] no início dos anos 60. Por alguma razão, porém, foram esquecidos e o domínio ficou adormecido até meados dos anos 90, altura em que os códigos foram redescobertos por David MacKay e Radford Neal [33, 34]. Desde então, a classe de códigos demonstrou ser notavelmente poderosa, comparável aos melhores códigos conhecidos e com um desempenho muito próximo do limite teórico dos códigos corretores de erros. Mais recentemente, devido às suas vantagens, os códigos LDPC foram propostos para várias normas sem fios de ponta, incluindo IEEE 802.16e wireless MAN [35], IEEE 802.11n wireless LAN [36] e satélites de segunda geração para radiodifusão vídeo digital (DVB-S2) [37]. Um código LDPC é um código de bloco linear $(n,\ k)$ ou $(n,\ w_r,\ w_c)$ cuja matriz de controlo de paridade H contém apenas alguns 1's em comparação com 0's (ou seja, matriz esparsa). Para uma matriz de controlo de paridade mn definimos dois parâmetros: o peso da coluna w_r que é igual ao número de elementos não nulos numa coluna e o peso da linha w_c que é igual ao número de elementos não nulos numa linha em que $w_c<<n$ e $w_r<<m$. Um código LDPC é regular se w_c for constante para cada coluna e w_r também for constante para cada linha, e um código LDPC regular terá,

$$m \cdot w_c = n \cdot w_r$$

Para além da expressão geral dos códigos LDPC como uma matriz algébrica, os códigos LDPC também podem ser representados por um grafo bipartido de Tanner, proposto por Tanner em 1981 [38]. Um grafo de Tanner é um grafo bipartido introduzido para representar graficamente códigos LDPC. É constituído por nós e arestas. Os nós são agrupados em dois conjuntos. Um conjunto é constituído por n nós de bits (ou nós variáveis) e o outro por m nós de controlo (ou nós de paridade). A criação de um gráfico deste tipo é simples e a figura do LDPC é apresentada de seguida

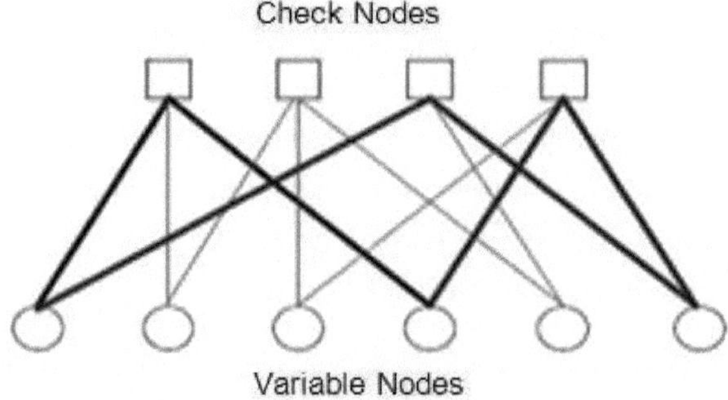

Figura 4.1: Nós LDPC

Para além das codificações acima mencionadas, existem algumas codificações muito eficazes utilizadas na comunicação cooperativa, tais como a codificação BCH, a codificação turbo, a codificação Reed-Solomon, a codificação RBNS, etc.

Aplicações de mercado

Os investigadores estão a investigar a utilização de codificação avançada de correção de erros para a radiodifusão digital de áudio e vídeo, bem como para aumentar os débitos de dados em versões melhoradas de sistemas sem fios

LAN (WLAN) redes wi-Fi. Os códigos LDPC estão a provar que proporcionam excelentes ganhos de codificação numa vasta gama de taxas de código e tamanhos de bloco.

A principal vantagem da utilização de códigos LDPC é o ganho de desempenho medido em dB, que pode ser utilizado de várias formas, tais como menor potência de transmissão, maior débito de dados, maiores distâncias de transmissão ou maior fiabilidade da ligação de comunicação. Quando a potência de transmissão é limitada, o ganho extra de codificação dos códigos LDPC pode fazer a diferença entre comunicações fiáveis e nenhuma comunicação.

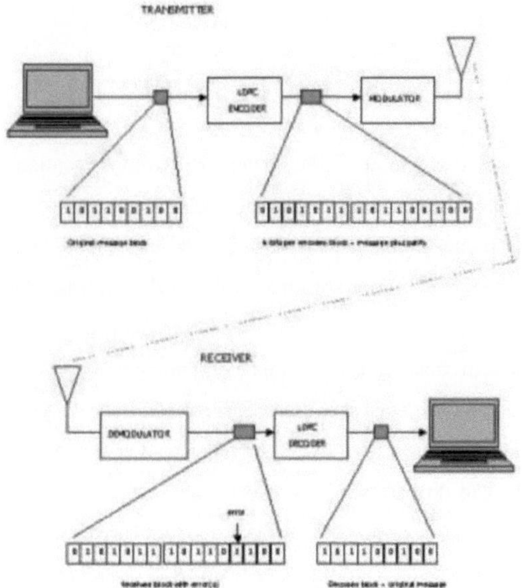

Figura 4.2: LDPC numa conceção WiFi

4.3 Codificação turbo

Os códigos turbo foram introduzidos pela primeira vez em 1993 por Berrou, Glavieux e Thitimajshima,

Os códigos são construídos através da utilização de dois ou mais códigos componentes em diferentes versões intercaladas da mesma sequência de informação. Enquanto que, para os códigos convencionais, o passo final no descodificador produz bits descodificados com decisões difíceis (ou, mais geralmente, símbolos descodificados), para que um esquema concatenado como um código turbo funcione corretamente, o algoritmo de descodificação não deve limitar-se a passar decisões difíceis entre os descodificadores. Os códigos turbo estão a ser utilizados nas comunicações móveis 3G e nas comunicações por satélite (espaço profundo), bem como noutras aplicações em que os projectistas procuram obter uma transferência fiável de informações através de ligações de comunicação com restrições de largura de banda ou de latência na presença de ruído que corrompe os dados. Atualmente, os códigos turbo estão em concorrência com os códigos LDPC, que oferecem um desempenho semelhante. A primeira classe de código turbo foi o código convolucional concatenado paralelo (PCCC). Desde a introdução dos códigos turbo paralelos originais em 1993, foram descobertas muitas outras classes de códigos turbo, incluindo versões em série e códigos de acumulação repetida. Os métodos de descodificação turbo iterativa também foram aplicados a sistemas FEC mais convencionais, incluindo códigos convolucionais corrigidos por Reed-Solomon.

4.5 RBNS(Rebundant Binary Number System)

A rápida expansão dos serviços sem fios, como a voz celular, os PCS (Personal Communications Services), os dados móveis e as LAN sem fios, nos últimos anos, é uma indicação de que se atribui um valor significativo à acessibilidade e à portabilidade como caraterísticas fundamentais das telecomunicações. Nos últimos anos, as redes sem fios registaram uma explosão de interesse dos consumidores pelas suas aplicações nas   comunicações

móveis e pessoais. medida que as redes sem fios se tornam uma componente integral da infraestrutura de comunicação moderna, a eficiência energética será uma consideração importante na conceção, devido à duração limitada das baterias dos terminais móveis. As técnicas de conservação de energia são normalmente utilizadas na conceção do hardware desses sistemas. Uma vez que a interface de rede é um consumidor significativo de energia, tem-se dedicado uma investigação considerável à conceção de baixo consumo de energia de toda a pilha de protocolos de rede das redes sem fios, num esforço para aumentar a eficiência energética. Com a utilização crescente de redes de sensores sem fios (RSSF) [35] em diversas aplicações, em que os dados a comunicar podem variar entre poucos bytes de dados brutos e multimédia, a necessidade de conceber uma comunicação eficiente em termos energéticos atingiu uma importância primordial para aumentar o tempo de vida operacional dessas RSSF. Nas RBNS, é importante compreender a distribuição das séries de 1 "s e 0 "s nos dados a transmitir, para que se possam conceber técnicas de comunicação adequadas. Esse conhecimento também ajudaria a analisar e comparar o desempenho de diferentes técnicas de comunicação energeticamente eficientes para uma aplicação específica de RSSF. A RBNS [33][34] é um tipo especial de técnica de comunicação eficiente em termos energéticos. . O RBNS utiliza três símbolos para a comunicação, nomeadamente -1, 0 e 1. Considera os pesos posicionais iguais aos do sistema de números binários.

5. Comunicação cooperativa em ambiente sem fios

A teoria da informação da comunicação multi-hop remonta ao modelo do canal de retransmissão. O modelo de canal de retransmissão consiste na fonte, no destino e na retransmissão, que é utilizado para facilitar a transformação da informação da fonte para o destino. A comunicação cooperativa baseia-se na natureza de difusão da comunicação sem fios, o que sugere que o sinal transmitido entre a fonte e o destino pode ser ouvido por nós vizinhos. A comunicação cooperativa tem por objetivo o processamento e a retransmissão desta informação oculta para o destino, a fim de criar diversidade espacial e, consequentemente, obter um débito e uma fiabilidade mais elevados.

De acordo com o modelo da teoria da informação, o destino pode ouvir tanto a fonte como a retransmissão, mas a maioria dos sistemas multi-hop permite que o destino processe apenas o sinal da retransmissão. Isto pode ser justificado pelo facto de, uma vez que a fonte está geralmente mais longe do destino do que o retransmissor, o sinal da fonte ser muito mais fraco do que o sinal   do retransmissor. Mas quando o desvanecimento é considerado, este esquema tem uma quantidade considerável de perda, especialmente na diversidade, em comparação com um em que o destino processar ambos os sinais.Multiple-inputmultiple- (MIMO) tecnologia temattracted atenção   em comunicações sem fio para o bom desempenho que detém. As vantagens da comunicação MIMO têm sido amplamente reconhecidas, uma vez que oferece aumentos significativos no débito de dados e no alcance da ligação sem largura de banda ou potência de transmissão adicionais. Isto é conseguido através do aumento da taxa de bits e da redução do desvanecimento. Proporciona uma maior eficiência espetral, o que significa mais bits por segundo por Hertz de largura de banda. O MIMO produz fiabilidade na ligação, ou, por outras palavras, diversidade que reduz o desvanecimento.

5.1 modelo de sistemas cooperativos

Esta dissertação considera um sistema cooperativo com um conjunto de antenas virtuais, em que cada antena do conjunto corresponde a um dos parceiros que podem ouvir os sinais uns dos outros, processá-los e retransmiti-los para cooperar. Isto permite obter observações adicionais, do sinal transmitido, no destino, observação essa que normalmente é descartada e desaparece no espaço.

A comunicação cooperativa, motivada por todos os factores acima referidos, envolve duas ideias principais

i) utilizar retransmissão (multi-hop) para formar um sistema que proporcione diversidade espacial em ambiente de desvanecimento.

ii) prevê um sistema de matriz de antenas virtuais em que cada retransmissor (parceiro) tem a sua própria informação para enviar, para além de atuar como retransmissor para os outros parceiros.

A figura 4.1 apresenta um modelo simplificado de um sistema de comunicação. É constituído por

- Fonte: para transmitir símbolos de pacotes da mensagem original em formato binário.

- Codificador: codifica os pacotes recebidos e encaminha-os.

- Modulador: modula os símbolos dos pacotes codificados.

- Canal: representa o meio, entre o emissor e o recetor, através do qual a massagem será transmitida.

- Demodulador: desmodula os pacotes de entrada e envia-os para o descodificador.

- Descodificador: para descodificar os pacotes recebidos e encaminhá-los para o seu destino final.

- Destino: o ponto final onde a massagem deve ser efectuada.

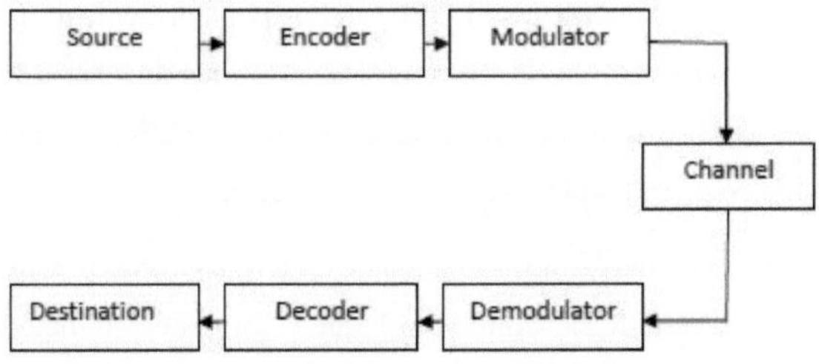

Figura 5.1: Modelo de comunicação cooperativa

Consideramos uma rede sem fios arbitrária de N retransmissores, em que a informação deve ser transmitida da fonte para um destino. Devido à natureza de difusão do canal sem fios, alguns retransmissores podem ouvir a informação transmitida e, assim, cooperar com a fonte para enviar os seus dados. A ligação sem fios entre dois nós da rede é modelada como um canal de banda estreita de desvanecimento de Rayleigh com ruído branco gaussiano aditivo (AWGN). Assume-se que os desvanecimentos do canal para diferentes ligações são estatisticamente independentes. Trata-se de uma hipótese razoável, uma vez que os retransmissores estão normalmente bem separados espacialmente. O ruído aditivo em todos os terminais receptores é modelado como variáveis aleatórias gaussianas complexas com média zero e variância nula. Ao contrário do sistema de transmissão direta convencional, exploramos uma função de retransmissão por divisão do tempo, em que este sistema pode fornecer informações com duas fases temporais.

Na primeira fase, o nó de origem transmite a informação x_s para o destino e para os nós de retransmissão. O sinal recebido no destino e nos nós de retransmissão escreve-se, respetivamente, como

$$r_{r,s} = h_{r,s} x_s + n_{r,s} \tag{5.1}$$

$$r_{d,s} = h_{d,s} \, x_s + n_{d,s} \tag{5.2}$$

Onde $h_{d,s}$ é o canal da fonte para os nós de destino, h é o canal da fonte para o nó de retransmissão, $n_{,rs}$ é o sinal de ruído adicionado a h e n é o sinal de ruído adicionado a h.

Na segunda fase, o retransmissor pode transmitir o sinal recebido para o nó de destino, exceto no modo de transmissão direta. Cada retransmissor pode medir a SNR recebida e reencaminha o sinal recebido se a SNR for superior a um determinado limiar. Para facilitar os cálculos matemáticos do SER, assumimos que os retransmissores podem avaliar se os símbolos recebidos são descodificados corretamente ou não e só reencaminham o sinal se forem descodificados corretamente. Para obter um melhor desempenho no sistema, estamos a fazer codificações com dois códigos de correção de erros, nomeadamente a codificação por convolução e a codificação LDPC, ambos popularmente utilizados na comunicação cooperativa. A partir do diagrama da página seguinte, podemos analisar a forma como os dados são codificados. Neste caso, é utilizado um codificador que codifica os dados a transmitir do lado do recetor (fonte), após o que são transmitidos para o recetor.

O recetor recebe os dados codificados, bem como os dados diretamente do retransmissor presente no ambiente e combina-os usando MRC (Maximum Ratio Combining), que é um poderoso método de combinação usado na técnica de diversidade A técnica de diversidade é usada no sistema de comunicação sem fio principalmente para melhorar o desempenho em canais de desvanecimento de rádio.

5.2 SIMULAÇÃO

Esta parte apresenta os resultados da simulação para avaliar o desempenho do esquema de retransmissão proposto. O esquema proposto é implementado em MATLAB para efeitos de validação algorítmica. Simular o sistema apresentado na figura 1.1, que consiste na transmissão de símbolos de pacotes pela fonte, no trabalho de retransmissão em modo de cooperação para receber os símbolos enviados pelo transmissor, na primeira faixa horária, e depois retransmiti-los para o destino, na segunda faixa horária. A terceira parte deste sistema é o destino, que recebe os símbolos dos pacotes enviados pela fonte e pelo retransmissor, respetivamente. Neste caso, assume-se um canal de desvanecimento plano de Rayleigh e considera-se que a potência é constante em todo o ambiente.

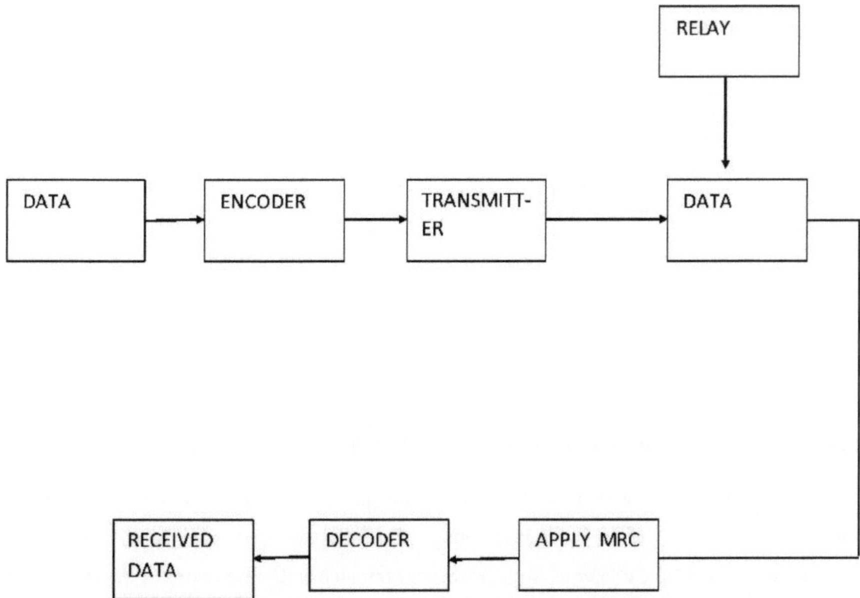

Figura 5.2: Diagrama de codificação em comunicação cooperativa

Para conhecer as vantagens da técnica de comunicação cooperativa em relação à comunicação não cooperativa, começámos por medir o desempenho dos sistemas não cooperativos que utilizam o método de codificação.

Em cada caso, contamos a probabilidade de erro em função do rácio sinal/ruído (SNR). O trabalho básico é:

- Gerar uma sequência binária aleatória de +1's e -1's

- Multiplicar os símbolos pelo canal e, em seguida, adicionar ruído gaussiano branco

- No lado do recetor, o canal recebido por cada antena de receção é independente do canal experimentado por outra antena de receção

- Depois de receber o sinal, efectuamos a descodificação por decisão difícil e contamos os erros de bit

- Repetir para vários valores de E_b/N_o e traçar os resultados da simulação

5.3 Resultados

Nesta secção, apresentamos e analisamos os resultados da simulação para as técnicas de comunicação não cooperativa e cooperativa.

47

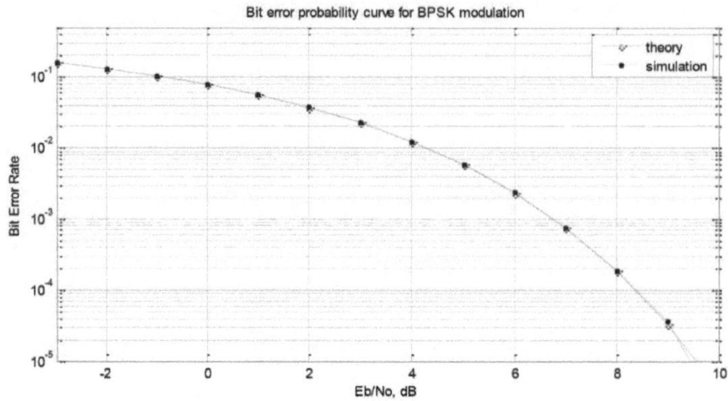

Fig. 5.3: Curva de probabilidade de erro de bit para modulação BPSK

Num sistema de comunicações, a BER do lado do recetor pode ser afetada por ruído do canal de transmissão, interferências, distorção, problemas de sincronização de bits, atenuação, desvanecimento, etc. O BPSK é coerente, uma vez que as transições de fase ocorrem nos pontos de passagem por zero. A demodulação correta do BPSK requer que o sinal seja comparado com uma portadora sinusoidal da mesma fase. O BPSK é a forma mais simples de chaveamento por mudança de fase (PSK). No BPSK, os bits de dados individuais são utilizados para controlar a fase da portadora. Durante cada intervalo de bits, o modulador desloca a portadora para uma de duas fases possíveis, que são 180 graus.

Na figura acima, foi calculada a taxa de erro de bits (BER) com o esquema de modulação BPSK (binary phase shift keying) na presença de um canal AWGN (Additive White Gaussian Noise).

O canal AWGN é um bom modelo para muitas ligações de comunicação por satélite e no espaço profundo. Não é um bom modelo para a maioria das ligações terrestres devido ao multipercurso, ao bloqueio do terreno, às interferências, etc. No entanto, para a modelação de trajectos terrestres, o AWGN é normalmente utilizado para simular o ruído de fundo do canal em estudo, para além do multipercurso, do bloqueio do terreno, das interferências, etc.

Os resultados gráficos provam que a BER simulada do BPSK é igual à BER teórica do BPSK

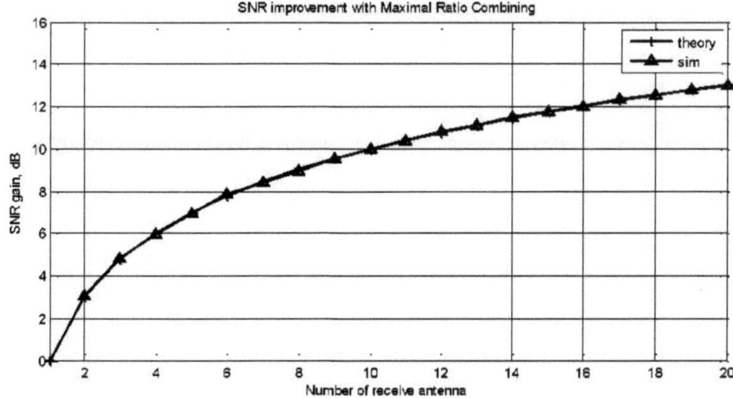

Figura 5.4: Melhoria da SNR com MRC

A melhoria da SNR no canal de desvanecimento Rayleigh com a combinação de rácio máximo foi simulada em Matlab. Acima, podemos ver que quando o número de antenas de receção é 20, a SNR é aproximadamente 12, o que mostra que à medida que o número de receptores aumenta, a SNR melhora.

Para o efeito, considerámos N antenas de receção e uma antena de transmissão, num canal de desvanecimento plano.

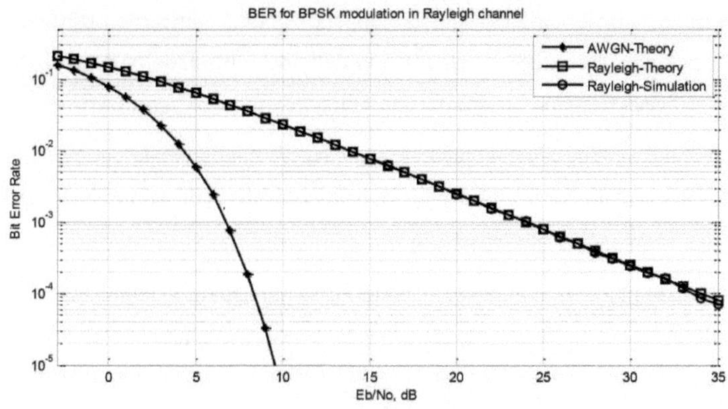

Figura 5.5: BER para modulação BPSK com MRC no canal Rayleigh

Foi simulada a BER para a modulação BPSK no canal de desvanecimento Rayleigh utilizando a combinação de rácio máximo. Para obter a taxa de erro de bit para BPSK com canal de desvanecimento Rayleigh, assumimos que o canal é de desvanecimento plano e varia aleatoriamente no tempo.

A utilização do MRC em relação a outros métodos de combinação tem muitas vantagens, uma vez que ajuda a combinar todos os sinais de forma faseada e ponderada, de modo a obter sempre a SNR mais elevada possível no recetor.

O BPSK com canal de desvanecimento Rayleigh apresenta melhores resultados quando comparado com o seu desempenho no canal AWGN.

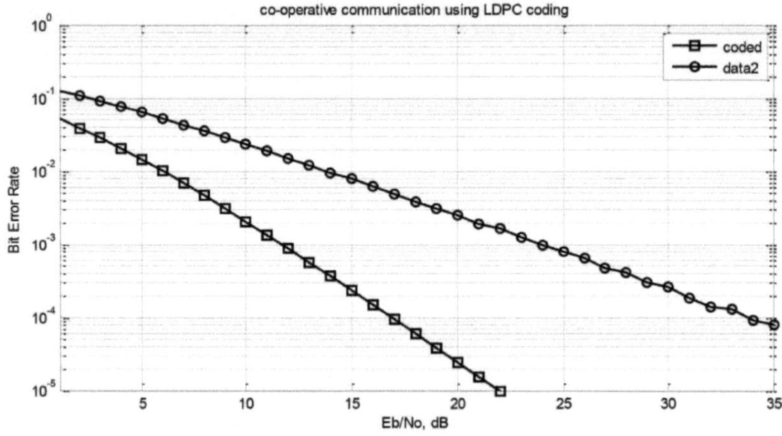

Figura 5.6: Comunicação cooperativa utilizando a codificação LDPC

A figura 4 mostra o desempenho da BER para a transmissão cooperativa com codificação LDPC num ambiente de desvanecimento Rayleigh. Os códigos LDPC são definidos utilizando uma matriz de controlo de paridade de verificação esparsa, o que resulta numa computação significativamente menor dos dados.

Os resultados da simulação mostram que o esquema cooperativo proposto alcançou valores BER mais baixos em comparação com a codificação por convolução.

Na figura acima, estamos a estimular a comunicação cooperativa utilizando a codificação por convolução. Cada palavra de código do nó de origem é dividida em dois quadros que são transmitidos em duas fases. Na primeira fase, o primeiro quadro é transmitido da fonte para os retransmissores e para o destino. Na segunda fase, o segundo quadro é transmitido em subcanais ortogonais da fonte e dos nós de retransmissão para o destino. O desempenho do esquema de codificação cooperativa é apresentado através de simulações para ilustrar os potenciais benefícios. Neste caso, assume-se um canal de Rayleigh com desvanecimento lento. O código de convolução é apresentado em termos de taxa de erro de bits (BER) versus relação sinal/ruído. Comparamos as taxas de erro de bit não cooperativo, a fim de comparar o desempenho de ambos.

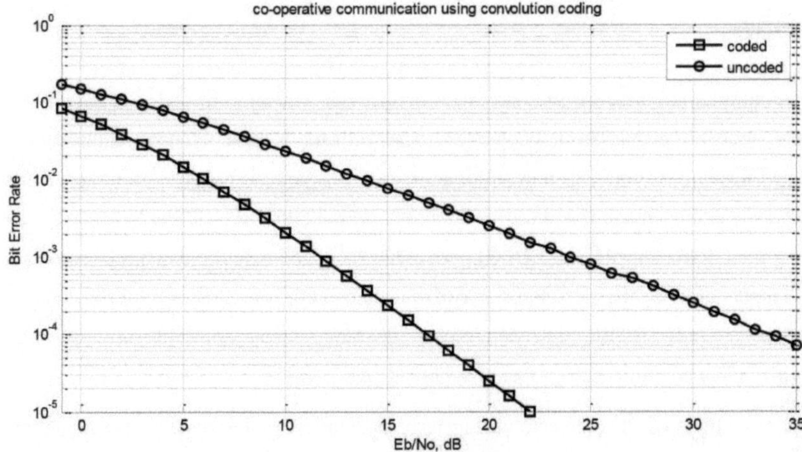

Figura 5.7: Comunicação cooperativa utilizando a codificação convolucional

Estamos a obter bons resultados com esta estimulação e com um menor consumo de energia.

6. Conclusão

Neste livro, propomos uma classe de protocolos de diversidade cooperativa para redes sem fios multinódo empregando retransmissão de cooperação descodificada e encaminhada, amplificada e encaminhada e codificada. Esta classe de protocolos consiste em esquemas em que cada retransmissor pode combinar os sinais que chegam. Aplicámos dois tipos de métodos de codificação (codificação por convolução e método de codificação LDPC) para melhorar o desempenho da comunicação em redes sem fios. Fundamentalmente, os códigos de convolução não oferecem maior proteção contra o ruído. No entanto, o código LDPC com um código de bloco linear apresenta um excelente desempenho, utilizando a comunicação cooperativa baseada em LDPC

Verificámos que os códigos LDPC oferecem vantagens consideráveis em termos de desempenho em relação aos códigos convolucionais existentes. Com uma conceção adequada, os códigos LDPC podem ser suficientemente flexíveis para satisfazer as exigências das aplicações 802.11n. Os códigos LDPC têm uma caraterística inerente que elimina a necessidade do intercalador de canal.

6.1 Trabalho futuro

No domínio das comunicações sem fios cooperativas, especialmente no que se refere à otimização dos recursos e aos métodos de codificação que podem ser aplicados, há ainda muitas possibilidades de investigação futura. Recomenda-se a conceção de um sistema com um destino, uma fonte e um retransmissor que transmita a mensagem do nó de origem para o nó de destino num ambiente de desvanecimento Rayleigh, o que ajuda a encontrar o melhor esquema.

A nossa sugestão para investigação futura é codificar o sistema com outros métodos de codificação, tais como a codificação Turbo, a codificação Reed-Solomon, a codificação do Sistema Binário Redundante (RBNS).

Neste livro, também considerámos um esquema AF para o cenário de encaminhamento nas redes de comunicação sem fios cooperativas. A desvantagem do esquema AF é que o ruído da transmissão entre o nó de origem e o nó de retransmissão é amplificado no nó de retransmissão e depois transmitido para o nó de destino. Com uma SNR baixa, obtém-se um erro de transmissão. A utilização do esquema DF para o reencaminhamento pode dar melhores resultados a uma SNR baixa, uma vez que o ruído da transmissão do nó de origem-reencaminhamento não é reencaminhado para o nó de destino.

Por último, gostaríamos de sugerir uma investigação no domínio do método de combinação utilizado no destino, como o método de combinação de ganho igual, o método de combinação de seleção, que se revelaria frutuoso no domínio das comunicações sem fios

53

Referências

[1] A. El Gamal e T. M. Cover, "Multiple user information theory," *Proceedings of the IEEE,* vol. 68, pp. 1466-1483, 1980.

[2] A. Sendonaris, E. Erkip, e B. Aazhang, "User cooperation diversity.Part I. System description," *IEEE Transactions on Communications,* vol. 51, pp. 1927-1938, 2003.

[3] A. Sendonaris, E. Erkip, e B. Aazhang, "Diversidade da cooperação entre utilizadores. Parte II. Implementation aspects and performance analysis", *IEEE Transactions on Communications,* vol. 51, pp. 1939-1948, 2003.

[4] E. C. van der Meulen, "Three-terminal communication channels," Advances in Applied Probability, vol. 3, pp. 120-154, 1971.

[5] T. M. Cover e A. A. El Gamal, "Capacity theorems for the relay channel," IEEE Trans. Inf. Theory, vol. 25, no. 5, pp. 572-584, Sep.1979.

[6] I. Krikidis, J. Thompson, S. Mclaughlin, e N. Goertz, "Max-min relay selection for legacy amplify-and-forward systems with interference," *IEEE Transactions on Wireless Communications,* vol. 8, pp. 3016 -3027, 2009.

[7] B. Wang, Z. Han, e K. J. R. Liu, "Distributed Relay Selection and Power Control for Multiuser Cooperative Communication Networks Using Stackelberg Game," *IEEE Transactions on Mobile Computing, ,*vol. 8, pp. 975 -990, 2009.

[8] J. N. Laneman, D. N. C. Tse e G. W. Wornell, "Cooperative diversity in wireless networks: Efficient protocols and outage behavior," *IEEE Transactions on Information Theory,* vol. 50, pp. 3062 - 3080, 2004.

[14] B. Schein e R. Gallager, "The Gaussian parallel relay network", em Proc. IEEE Int. Symp.on Inform. Theory, Sorrento, Itália, Jun. 2000, p. 22.

[15] P. Gupta e P. R. Kumar, "The capacity of wireless networks", IEEE Trans. Inf. Theory, vol. 46, no. 2, pp. 388-404, Mar. 2000.

[16] L.-L. Xie e P. R. Kumar, "A network information theory for wireless communication: Scaling laws and optimal operation", IEEE Trans. Inf. Theory, vol. 50, no. 5, pp. 748-767, maio de 2004.

[17] J. N. Laneman e G. W. Wornell, "Distributed space-time-coded protocols for exploiting cooperative diversity in wireless networks", IEEE Trans. Inf. Theory, vol. 49, no. 10, pp. 2415-2425, Out. 2003.

[18] J. N. Laneman e G. W. Wornell, "Distributed space-time-coded protocolsfor exploiting cooperative diversity in wireless networks", IEEE Trans. Inf. Theory, vol. 49, no. 10, pp. 2415-2425, Out. 2003.

[19] J. N. Laneman, D. N. C. Tse, e G. W. Wornell, "Cooperative diversity in wireless networks: Efficient protocols and outage behavior", IEEE Trans. Inf. Theory, vol. 50, no. 12, pp. 3062-3080, Dez. 2004.

[20] A. Sendonaris, E. Erkip, and B. Aazhang, "User cooperation diversity- Part I: System description," IEEE Trans. Commun., vol. 51, no. 11, pp. 1927-1938, Nov. 2003.

[21] "Diversidade de cooperação entre utilizadores - Parte II: Aspectos de implementação e análise de desempenho", IEEE Trans. Commun., vol. 51, no. 11, pp. 1939- 1948, Nov. 2003.

s[20] H. H. Nguyen e E. Shwedyk, A First Course in Digital Communications. Cambridge University Press, 2009.

[22] I. S. Gradshteyn, I. M. Ryzhik, A. Jeffrey, e D. Zwillinger, Table of Integrals, Series, and Products. Academic Press, 2000.

[23] M. K. Simon e M.-S. Alouini, Digital Communication over Fading Channels. Wiley, 2005.

[24] H. Jafarkhani, Space-Time Coding: Theory and Practice. Cambridge University Press, 2005.

[25] L. Zheng e D. N. C. Tse, "Diversity and multiplexing: A fundamental tradeoff in multiple antenna channels", IEEE Trans. Inform. Theory, vol. 49,pp. 1073-1096, 2002.

[26] A. Goldsmith, Wireless Communications. Cambridge University Press, 2005.

[27] S. Alamouti, "Uma técnica simples de diversidade de transmissão para comunicações sem fios", IEEE J. Select. Areas in Commun., vol. 16, pp. 1451-1458, outubro de 1998.

[28] V. Tarokh, N. Seshadri, e A. Calderbank, "Space-time codes for high data rate wireless communication: Critério de desempenho e construção de códigos", IEEE Trans. Inform. Theory, vol. 44, pp. 744 -765, março de 1998.

[29] V. Tarokh, H. Jafarkhani, e A. Calderbank, "Space-time block codes from orthogonal designs," IEEE Trans. Inform. Theory, vol. 45, pp. 1456-1467, julho de 1999.

[30] A. Sendonaris, E. Erkip e B. Aazhang, "User cooperation diversity, Part I: System description", IEEE Trans. Commun., vol. 51, no. 11, pp. 1927-1938, novembro de 2003.

[31] A. Sendonaris, E. Erkip e B. Aazhang, "User cooperation diversity, Part II: Implementation aspects and performance analysis", IEEE Trans. Commun, vol. 51, no. 11, pp. 1939-1948, novembro de 2003.

[32] J. Laneman, D. Tse e G. Wornell, "Cooperative diversity in wireless networks: Efficient protocols and outage behavior," IEEE Trans. Inform. Theory,vol. 50, pp. 30623080, dezembro de 2004.

[33] J. Laneman e G. Wornell, "Distributed space-time-coded protocols for exploiting cooperative diversity in wireless networks", IEEE Trans. Inform. Theory, vol. 49, pp. 24152425, outubro de 2003.

[34] Y. Jing e B. Hassibi, "Distributed space-time coding in wireless relay networks," IEEE Trans.WirelessCommun., vol. 5, no. 12, pp. 3524-3536, dezembro de 2006.

[35] Y. Jing e H. Jafarkhani, "Using orthogonal and quasi-orthogonal designsin wireless relay networks", IEEE Trans. Inform. Theory, vol. 53, pp. 4106-4118,

[36] B.Baranidharan, B.ShanthiA Survey on Energy Efficient Protocols for Wireless Sensor Networks International Journal of Comp uter Applications,Vol.11,No.10, pp. 0975-8887, December 2010

[37] Comité de Normas LAN/MAN, Norma IEEE para redes locais e metropolitanas - Parte 15.4: Low- Rate Wireless Personal Area Networks (LR-WPANs), IEEE Computer Society Aprovado em 16 de junho de 2011, IEEE-SA Standards Boardv. 2007.

More
Books!

info@omniscriptum.com
www.omniscriptum.com
OMNIScriptum